토종 농법의 시작

토종 농법의 시작

초판 발행일   2020년 12월 10일

지은이   안철환
펴낸이   유현조
편집장   강주한
편 집   온현정
인쇄·제본   영신사
종 이   한서지업사

펴낸곳   소나무
등록   1987년 12월 12일 제2013-000063호
주소   경기도 고양시 덕양구 대덕로 86번길 85(현천동 121-6)
전화   02-375-5784
팩스   02-375-5789
전자우편   sonamoopub@empas.com
전자집   blog.naver.com/sonamoopub1

ⓒ안철환, 2020

ISBN 978-89-7139-840-1   03520

토종 농법의 시작

안철환

소나무

□책을 펴내며

왜 토종 농법인가

농사를 짓다 보면 누구나 겪게 되는 게 서리 피해다. 날씨 현상인 서리가 아니라 농산물 절도인 서리다. 도시농업이 유행처럼 번지다 보니 도시 텃밭마다 걸려 있는 '서리 금지' 현수막을 어렵지 않게 본다. 그런데 그런 현수막을 볼 때면 마음이 편치 않다. 좋은 말보다는 약간은 위화감마저 느껴지는 불신의 말들이 농장마다 걸려 있으니 저런 말 듣자고 도시경작운동을 했나 하는 자괴감마저 들곤 한다.

한번은 도시 근교 등산로 근방에 텃밭 하기 딱 좋은 땅이 놀고 있기에 잘 아는 선배에게 소개해 주어 농사를 짓게 했다. 그렇게 무단 경작을 하게 된 그 선배는 기가 막힌 제안을 했다. 친환경 농사는 당연한 것이고 더불어 고추 지주나 나일론 끈, 제초를 위한 멀칭용 비닐 등 화학제품 자재도 전혀 쓰지 않기로 한 것이다. 말하자면 텃밭에 작물 외에는 녹색이 아닌 것은 아예 사용하지 않는 것이다. 그런데 기가 막힌 것은 그게 아니었다. 그 텃밭을 지나가는 사람들에게 자유롭게 따 가도 좋다는 푯말을 꽂아 놓겠다는 것이다. 물론 싹쓸이 하듯 따

가지 말고 솎아 주듯 따 가라는 부탁과 다른 사람도 따 갈 수 있게 약간은 남겨 두라는 부탁도 잊지 않았다. 그런데 그 기막힌 아이디어보다 더 재밌는 현상이 벌어졌다. 사람들이 의외로 서리하지 않는 것이었다. 참 신기한 일이지 않은가. 왜 그랬는지 직접 물어보지 못했으니 알 수 없는 일이지만 선배와 나는 좀 다르게 해석했다. "훔쳐 가는 맛이 없어서지."

이와는 정반대의 경험을 한 적이 있다. 서울 외곽에 텃밭을 조성하고 근처 어린이집 아이들과 감자를 심었다. 감자를 심는 아이들의 순진한 눈빛과 땅속에서 노란 감자를 꺼낼 때 신기해 할 아이들 눈빛을 잔뜩 기대하고 있었다. 감자는 잘 자라 일주일 뒤에는 수확해야지 하고 있는데 하룻밤 사이에 감자가 싹 사라져 버렸다. 옆의 이웃 밭까지 합쳐 100평쯤 되는 감자밭이었는데, 그것까지 누군가 확실하게 서리해 간 것이다.

너무 애통하고 환장할 노릇이었지만 아무리 생각해도 이해가 가지 않은 사건이었다. 그걸 서리해 가려면 최소 두세 명은 있어야 하고 가져갈 때는 승용차로는 도저히 안 되고 분명 1톤짜리 트럭은 가져왔을 것이다. 그리고 한 명은 망을 보고 다른 사람들이 캐냈을 텐데, 내 의문은 그렇게까지 과감하게 훔쳐 갈 만큼 100평 정도밖에 되지 않는 감자밭이 돈이 되었을까였다. 기껏해야 20킬로그램짜리 스무 상자 나올 정도인데, 한 상자에 유기농산물 가격으로 5만 원을 쳐도 100만 원

정도다. 그게 그렇게 과감하게 도둑질을 할 만한 일이었을까? 그게 아니면 훔쳐 가는 짜릿한 맛을 위해?

그 사건 이후 서리에 대해 "그 사람도 먹고 살아야지 뭐. 동냥했다 편하게 생각하자"는 말을 더 이상 자신 있게 내뱉질 못했다. 그리고 지금 생각해 보면 막상 서리를 당하니 그로 인해 내 것을 지키고자 하는 나의 소유의식을 자극한 계기가 된 것 같아 그게 더 마음을 불편하게 만들었다.

재밌는 서리 얘길 하나 더 해 보자. 몇 년 전에 아프리카 우간다를 방문한 적이 있다. 수도 캄팔라 한복판에 있는 우리의 남대문시장보다 훨씬 커 보이는 큰 시장엘 가 보았는데 길바닥이 보이지 않을 정도로 많은 사람이 붐볐다. 차에서 내려 시장 구경을 하려 하니 우간다 현지 사람이 카메라도 들지 말고 소지품도 다 차에 두고 다니라고 주의를 주었다. 왜 그러냐고 물어보니 저 많은 사람이 죄다 소매치기라고 봐야 한다는 것이 아닌가. 몸이 불편한 나는 그냥 차에서 사진을 찍고 있겠다고 하니 창문을 열고 찍지 말라고 했다. 손을 넣어 카메라를 집어간다고 하는 게 아닌가.

그런데 거리의 그 수많은 소매치기라는 우간다 사람들의 표정은 전혀 소매치기 같지 않았다. 거리에서 구걸하는 흑인들 얼굴도 참으로 편한 표정들이다. 남의 물건을 훔치거나 구걸하는 게 아니라 마치 맡겨 둔 자기 물건을 달라 하는 듯한 표정이랄까? 아니면 네 것도 내 것이고 내 것도 내 것이라는 태도랄까?

오지에 들어가 만난 숲속 원주민의 한 어린아이 태도는 더욱 재밌었다. 중학생쯤 되어 보이는 그 아이는 나를 졸졸 쫓아다니며 나보다 더 뛰어난 영어 실력으로(영어가 공용어이어서 아이들이 영어를 참 잘한다) 뭐라고 떠드는데, 들어 보니 내 핸드폰을 달라는 게 아닌가. 어이가 없어 "널 주면 나는 어떻게 하냐" 하니, "당신은 부자 나라에 사니 돌아가서 또 사면 될 것 아니냐"며 참으로 당당히 대꾸를 한다. 내가 손을 가로저으며 "노, 노!" 하니 별것 아닌 일인 양 아쉬워하는 표정도 없이 웃으며 뒤돌아 가버렸다. 그리고 깨달았다. 그들의 태도는 구석기시대 자연 채집인의 태도와 같다는 것을.

구석기시대 사람들에겐 소유의식이 없었을 것이다. 주우면 내 것이고, 네 것도 내 것, 내 것도 네 것이다. 하긴 서리를 좋아하는 사람들의 태도에는 구석기시대 채집·사냥꾼의 유전자가 아직 없어지지 않아서라는 누군가의 농담 같은 말과 일맥상통하는 것 같았다. 그런데 나는 요즘 농사짓는 사람들의 소유의식(때론 집착에 가까운)이 서리의 식보다 부담스럽게 느껴질 때가 있다.

나는 농사짓는 행위는 무조건 선善이라 생각했었다. 특히 친환경 유기 농사는 더욱 선한 행위라 보았고 도시를 경작하는 도시농업 또한 친환경 유기 농사 못지않은 선한 행위라 보았다. 설령 농약 좀 치더라도 과도한 에너지를 낭비하며 탄소를 어마어마하게 배출하는 도시 문명의 삶에 비하면 더 없는 선한 행위라 역설하기도 했다.

그런데 농農=선善, 비농非農=비선非善(또는 惡)이라는 과신이 요즘은 좀 흔들리고 있다. 유기농이든, 화학농이든, 도시농이든, 어떤 농이 됐든 농사는 비선보다 선에 가까운 행위임엔 틀림없다. 나의 과신을 흔들리게 만든 것은, 우리나라가 기후변화(온난화) 4대 악당 국가 중 하나라는 사실과 OECD 국가 중 농약과 화학 비료를 가장 많이 사용하는 나라라는 사실이었다. 게다가 곡물 수입 비율을 높이고 많은 오폐수를 배출하며 메탄가스 배출도 적지 않은 축산이 우리 농업에서 40% 넘는 가장 많은 비중을 차지한다는 사실이었다.

내가 15년 동안 나름 열심히 활동해 온 도시농업 운동이 과연 기대했던 만큼의 성과를 냈는지 회의가 들 때가 적지 않다. 도시농업 운동에서 내걸었던 비전은 도시 내 공동체 복원, 도시 환경을 개선할 농지와 녹지 보전, 생산적 먹을거리 자급 운동과 농업농촌 살리기(귀농) 운동 등이었는데, 그중 먹을거리 자급 운동과 귀농 운동 정도 외에는 그 성과가 너무도 미미하다. 특히 되도록 많은 지역 주민에게 경작할 기회를 주려는 지방 정부의 후원으로 농지를 얻다 보니 매년 땅을 돌려 경작케 하느라 경작 공동체가 형성되지 못하고 땅을 소중히 여기는 의식이 고양되지 못했다. 결국 수확물에 대한 사적 욕심은 고양되었지만 공익적 사회의식은 고양되지 못한 아쉬움을 강하게 남겼다.

그런데 근본을 따지고 보면 인류는 농사를 짓고부터 소유의식과

이기주의를 갖게 되었는지 모른다. 땅과 수확물에 대한 소유의식과 그것을 지키기 위한 강한 집착은 농사를 시작하면서 생겼다는 얘기다. 물론 수렵·채집 시절에도 자기 영역과 그 영역에서 얻을 수 있는 먹을거리에 대한 집착이 당연히 있었을 것이다. 그러나 수렵·채집으로 얻는 먹을거리는 저장성이 떨어지고, 수시로 이동해야 하는 수렵·채집 생활의 영역이라는 게 늘 변하기에 목숨을 걸고 지킬 만큼의 강한 집착을 자극하지는 않았을 것이다.

나의 농장에는 봄이 되면 가끔 동네 아줌마들이 들나물을 캐러들 온다. 퇴비로만 키운다는 게 알려져서인지 나름 인기가 있었나 보다. 그런데 아줌마들의 태도가 참으로 재밌다. "아주머니들 뭐 하세요" 하면, 스윽 뒤돌아보고는 "나물 캐죠" 하곤 다시 열심히 채집에 열중한다. 그러면 내가 "아주머니, 그래도 제가 이 땅 주인이거든요" 하면, '이 땅은 당신 땅일지 모르지만 냉이를 당신이 심은 건 아니니 당신 거는 아니지 않느냐'는 기세로 여전히 열심히 나물을 캔다. 그럼 나는 "아주머니, 그래도 내가 먹을 것 좀 남겨 주시고 캔 자리는 다시 흙을 잘 덮어 주세요" 하면 시큰둥하니 "알았다" 하며 아무 일 없다는 듯이 나물 캐는 일에 열중한다.

남들한테 이 얘길 전해 주면 당연히 내쫓아야지 왜 그냥 놔두냐고들 한다. 그런데 그건 하나만 알고 둘은 모르는 얘기다. 그 아줌마들과 친해 놔야 그분들이 다른 아줌마들을 못 오게 막아 준다. 알량한 농장에 CCTV를 설치하기도 그렇고, 내가 냉이 지키고자 24시간 농장을 지킬 수도 없는 일 아닌가? 그리고 알았다. 사유지는 늘 공유지와 함께해야 한다는 걸. 사유지 속에 공유지가 있든가, 사유지 옆에 공유지가 있든가 해야 한다. 사유지만 있으면 사유지를 갖지 못한 사람들로부터 사유지를 지키기 어렵고, 공유지만 있으면 남획과 밀렵(서리)으로부터 공유지를 지키기도 어렵다.

그래서 농지에서 농사만이 아니라 누구나 냉이를 캐듯 채집 활동도 함께 이뤄지는 꿈을 꾸게 되었다. 이것이 내가 이 책에서 풀어 보고자 하는 토종(씨앗, 농법, 작물) 농업의 비밀이다. 작물과 야생나물, 나무와 풀, 말벌과 숱한 해충들과 뭇 미물들, 살모사와 두꺼비와 족제비와 너구리, 고라니, 여차하면 내 차에 똥을 싸 놓는 곤줄박이와 박새, 겨울이면 멋있게 날아다니는 매와 수리부엉이 등 숲속 야생 동물들, 농지 경계 때문에 가끔 실랑이도 하지만 늘 가족처럼 도와주기도 하는 농부 이웃들, 서리하러 온 뻔뻔한 도시인과 농부 등 모두가 공존할 수 있는 방법, 미워하고 갈등하고 싸우면서도 공존할 수 있는 방법을 찾고 싶었다.

이 책을 쓰는 데에는 많은 분의 도움이 있었다. 20년 전, 제대로 농사지으려면 내공 있는 스승에게 제대로 배워야겠다는 의지로 찾아다닌 어르신 농부님들의 가르침으로 농사 철학의 큰 골격을 얻었고, 토종 씨앗과 전통 농업을 복원하고자 찾아다닌 시골의 이름 없는 할머니·할아버지들로부터는 골격을 감쌀 근육과 살을 얻었다. 불편한 몸으로 농사짓겠다는 나를 전적으로 믿어 주고 응원해 준 친구들과 선후배들, 어머니와 형님들과 장모님, 특히 취직할 생각은 않고 돈도 되지 않는 농사에 미친 나를 거리낌 없이 밀어 준 아내에게 참으로 큰 힘을 얻었다. 물론 이 책의 내용을 구성하는 데 함께 고민해 준 농부 동료들의 큰 도움도 빠뜨릴 수 없다. 마지막으로 잔소리도 독촉도 없이 묵묵히 긴 세월 동안 원고를 기다려 준 출판사 선후배님들에게도 고맙다는 말을 전한다.

   쓸데없이 귀한 종이만 낭비했다는 소리를 듣지 않으면 좋겠다는 소심한 마음도 있지만, 많은 이들이 이 책을 읽어 어깨 으쓱 한번 해 보는 모습을 꿈꿔 보기도 한다.

차례

책을 펴내며 | 왜 토종 농업인가 • 5

I. 한국적 농생태주의를 위하여
인간과 자연은 하나 ··· 19
쌀과 콩, 그리고 밀과 고기 ·· 25

II. 씨앗
농부아사農夫餓死 침궐종자枕厥種子 ······························ 33
　북만주·연해주 고려인들의 목숨을 건 종자 지키기 • 34 | 단작이 종자를 사
　라지게 한다 • 37 | 씨앗의 나라 대한민국 • 41 | 다시 살아나는 씨앗 나눔
　운동 • 45
전통 농업은 채종하는 농사 ······································· 49
토종 종자와 약식동원藥食同原 ···································· 57

III. 농법
토종 농법 ·· 67
벼와 곡식 중심의 농업 ··· 75
곡식 농사의 의미와 특징들 ······································· 81
　곡식이 진정한 건강 음식 • 81 | 곡식은 땅을 살려 주는 순환 작물 • 82 | 곡
　식 농사는 종자와 자연을 지키는 지름길 • 83 | 자연을 지켜 주지 않는 곡
　식: 밀과 옥수수 • 85

때를 맞추는 농사 ··· 89
단작 농사의 패러독스 ··· 95
윤작과 혼작 ··· 101
축畜 경운 ·· 111
   무경운 또는 무로터리(무기계질) • 115 | 다시 경운법으로 • 123
거름과 순환: 내 똥 3년 먹지 않으면 죽는다 ·············· 129
   화학 비료의 문제 • 129 | 퇴비와 녹비가 대안이다 • 131 | 질소질 거름을 적게 사용하는 농사는 가능한가 • 133 | 똥을 중심으로 순환하는 농사 • 138 | 탄소질 거름과 질소질 거름의 차이 및 관계 • 140
직파법 ·· 143
   다시 이앙법(모종법)으로 • 152
천수답 ·· 157
제초와 풀의 활용 ··· 167
   강한 번식력 • 167 | 공생과 건종법 • 171 | 풀이 해로운 이유? • 175 | 풀의 활용 • 178

IV. 작물

벼 ··· 187
   임금에게 진상했던 자광도 • 190 | 전남 장흥에서 알게 된 도복의 이유 • 193 | 통일벼의 신화와 진실 • 195 | 밭벼 • 198 | 천수답 농법 • 199 | 채종하기 • 203

콩 ··· 205
   콩의 원산지는 만주와 한반도 • 205 | 토종 콩의 종류와 이름 • 207 | 사연
   많은 녹두 • 211 | 채종하기 • 214
밀 ··· 217
   토종 앉은뱅이밀 • 219 | 채종하기 • 221
배추 ··· 223
   토종 배추의 종류 • 224 | 채종하기 • 226
고추 ··· 231
   토종 고추의 종류 • 233 | 채종하기 • 236
마늘 ··· 239
   토종 마늘의 종류 • 241 | 채종하기 • 242
대파 ··· 245
   토종 대파의 종류 • 246 | 채종하기 • 246
양파 ··· 249
   토종 양파 • 250 | 채종하기 • 251
부추 ··· 253
   토종 부추의 종류 • 254 | 채종하기 • 254

책을 마치며 | 다시 토종 농업으로 • 257

I

한국적 농생태주의를 위하여

인간과 자연은 하나

자연과 환경을 바라보는 서양의 기본 관점이 이분법적 이원론인 까닭은 자연과 인간을 대립적으로 보기 때문이다. 그러니까 그들은 처녀림untouchable forest, 인간의 손이 닿지 않은 순수한 자연림의 보전을 중요시한다. 이런 관점에서 만들어진 것이 바로 공원 정책이다. 대규모 숲이나 산림을 국립공원으로 지정하는 것이 대표적 사례인데, 그들은 공원을 조성하면서 숲에 사는 원주민을 몰아낸다. 인간이 숲을 파괴한다고 보기 때문이다. 그렇게 해서 세계 최초로 만들어진 공원이 바로 요세미티 국립공원이다.

이렇게 숲속에 살던 원주민을 내쫓는 숲 보호 정책은 전 세계적으로 퍼져 나갔다. 아마존 밀림에서 유럽의 환경단체들이 기금을 모아 해당 지역 정부를 지원해 원주민을 내쫓은 일, 동남아시아 고산 밀림에서 원주민을 내쫓은 일 등이 그것이다.

이런 자연관은 당연히 숲속의 농지도 용인하지 않는다. 숲속에 농지가 있으면 숲을 파괴한다고 보기 때문이다. 도시공원 정책도 같은 맥락에서 진행된다. 원래 인간과 숲과 농지가 자연스럽게 소통하던 곳을 숲을 보호한다는 명목으로 그곳에 있던 농지와 사람들을 쫓아내고 공원화한 후 사람들을 구경꾼으로 만들어 버린다.

그러나 아마존 밀림을 자세히 들여다본 생태학자들은 '아마존 밀림은 인공림'이라고 말한다.* 원주민이 일궈 온 정원이라는 뜻이다. 생태학자들이 조사해 보니 원주민이 일궈 온 면적이 자그마치 아마존 밀림 전체의 12퍼센트나 되었다고 한다. 숲속에 사는 원주민을 쫓아내면 아마존 밀림은 어떻게 될까? 더욱더 우거질까? 그럴 수도 있을지 모르겠다. 그런데 우거진 산림은 대형 산불의 원인이 되기도 한다.

숲과 인간을 대립적으로 보는 관점은 에덴동산으로까지 이어진다. 바로 아담과 이브가 에덴동산에서 쫓겨난 사건 말이다. 나는 지금도 인간은 에덴동산에서 쫓겨나고 있다고 본다. 바로 개발에 의해서다. 숲에서 인간을 내쫓고 콘크리트 주거지와 사무 공간 등 문명의 공간을 지어 놓고는 공원을 조성한다. 그 공원이 과연 자연일까? 동물원도 마찬가지다. 동물의 주거지에 침입해서 문명을 건설하고 동물을 동물원에 모아 놓으면 그게 자연일까?

그런 점에서 개발과 공원 정책은 동전의 양면과도 같다. 어떤 측면에서 녹색주의 운동은 개발 및 공원 정책과 흡사하다. 자연과 숲을 보

---

* 요시다 타로, 『농업이 문명을 움직인다』, 김석기 옮김, 들녘, 2011, 113쪽.

호하기 위해 그것에 의지하여 살던 인간을 내쫓는 것이 녹색주의라면 나는 별로 지지하고 싶지 않다. 물론 멸종이 될 정도로 동물을 밀렵하고 식물을 남획하는 것은 큰 문제다. 그러나 원주민은 그렇지 않았다. 돈이 되는 것에 혈안이 된 근대화된 인간(?)이 그리 한 것이다. 원주민은 동물과 식물을 수렵·채집하고 살았지만, 그들이 멸종되면 인간도 연명할 수 없다는 것을 원래부터 알고 있었다. 근대화된 상업주의 밀렵꾼이나 남획꾼과는 달랐다.

숲과 자연에 인간이 접근하지 못하도록 만들면서 원초적·자연적 경제활동 기반이 사라졌다. 끝도 없을 만큼 드넓은 새만금 갯벌은 지역주민의 자연경제 활동 현장이었다. 땅 주인도 없는 그곳에서 누구나 자유롭고 평등하게 바지락도 줍고 게도 잡고 낙지도 잡아서 자식들을 공부도 시키고 시집·장가도 보냈다. 그런 원주민의 자연경제 활동이 갯벌을 파괴했을까? 그럴 리가 없다. 갯벌을 지키고 관리해 온 이들은 원주민이었다. 이것이 일원론적 자연관이자 삶의 태도이다. 그런데 새만금 간척지에 농지가 조성되고 문명 단지가 들어오면서 지주도 생기고 결국 원주민은 내쫓겼다.

자연경제의 토대가 개발되거나 죽은 공원으로 뒤바뀌어 버리자 어떤 일이 벌어졌을까? 원주민은 실업자가 되고 말았다. 비싼 보상금을 받은들 무에 쓸 수 있을까? 나는 요즘의 심각한 실업 문제, 일자리 문제가 자연경제 기반이 사라진 것과 매우 긴밀한 관계에 있다고 본다.

댐을 건설하면 강 주변에서 재첩도 줍고 민물고기도 낚으며 삶을 유지하던 지역 주민의 자연경제 기반도 사라진다. 댐 건설로 어느 정도 보상금을 받아 당장은 손에 돈을 좀 쥘 수 있겠지만, 그것에 속는 거다.

채식주의가 육식주의의 반사 편향인 것처럼 녹색주의가 개발주의의 반사 편향인 것은 바로 이런 것들 때문이다. 녹색주의가 인간을 배제한 순수한 녹색주의를 지향하는 것이라면 개발주의의 또 다른 얼굴에 지나지 않는다. 인간이 배제된 녹색의 숲을 조성하려면 숲에서 배제된 인간만의 문명이 그만큼 만들어져야 한다.

녹색주의는 육식 문명과 매우 긴밀하다. 육식을 하는 사람들은 가축을 놓아먹일 초원이 영원히 녹색이길 바란다. 지속 가능하길 바란다. 그러나 곡식을 먹는 사람들에게는 초원이 사시사철 녹색일 필요는 없다. 봄·여름엔 녹색이지만 가을엔 황금빛 벌판이고 겨울엔 흑색 벌판이다.

나는 녹색주의는 이원론, 곡식주의는 일원론이라고 본다. 곡식주의는 인간과 자연이 하나여야 한다. 인간도 자연의 일부다. 전형적인 사례가 바로 다랑논이다. 다랑논은 산사태를 예방해 준다. 담수 능력이 대단하다. 자연도 지키고 인간에게 유용한 곡식도 제공해 주니 바로 인간과 자연이 하나가 되는 현장이다.

밀·고기 문명에서 나온 녹색주의는 그런 점에서 이원론이다. 밀은 연작 피해가 있는 곡식이다. 그래서 휴경이 필요하다. 휴경할 때는 가축을 풀었다. 가축이 똥을 싸며 땅을 비옥하게 할 줄 알았다. 그러나 그렇게 쉽지 않았다. 휴경을 해도, 이런저런 방법을 동원해도 토양의 황폐화를 결국 막을 수가 없었다. 여기에서 농사 곧 인간의 경제활동은 자연을 파괴한다는 관념이 나올 수밖에 없었을 것이다.

자연을 지키려면 가능한 한 인간을 배제해야 한다거나 인간의 활동은 자연의 공간이 아닌 곳에서 행해져야 한다는 관념이 산업화·도시화·자본주의화로 이어졌다. 인간화된 공간과 자연의 공간은 철저히 이분법적으로 나뉘었다. 녹색 운동은 문명화된 공간보다 자연 공간을 보전·확대하길 바라는 운동이지만, 인간이 배재된 자연 공간이 만들어지는 만큼 자연이 배제된 인간만의 콘크리트 공간이 만들어져야 하니 한계가 있을 수밖에 없다.

쌀과 콩, 그리고 밀과 고기

한동안 잠자기 전 지리부도를 보는 게 취미였다. 세계 사람들은 농사를 어떻게 짓고 있는가도 궁금했고, 경작지와 자연 녹지, 도시의 문명 지역이 어떤 차이점을 갖고 있는지를 살펴보고 싶었다. 그러다 몇 가지 아주 재미있는 사실을 발견했다.

하나는 이른바 인류의 4대 문명 발상지들은 한결같이 사막 지역이거나 현재 사막화가 진행되고 있는 지역이라는 사실이다. 이집트 문명의 발상지인 나일 강 주변이 그렇고, 메소포타미아 문명의 발상지인 유프라테스 강과 티그리스 강 주변이 그렇고, 인도의 인더스 강과 중국의 황허 중·상류 지역이 그렇다. 참으로 이상하고 궁금증을 자아내는 사실이 아닐 수 없었다. 그리고 곰곰이 살펴보니 이 지역들의 공통된 특징이 또 있었다. 바로 밀농사 지역이라는 사실이다.

"밀농사라.… 그런데 밀과 사막이 무슨 상관이 있지?"

그러다 바로 육식이 떠올랐다. 서양 사람들은 빵과 고기가 주식이지 않은가. 너무도 쉽게 답을 찾은 것 같았다. 빵을 주식으로 하지만 모자라는 단백질을 육식으로 보충한 것이다.

그리고 다시 지리부도를 꼼꼼히 뒤져 보니 사막화의 주원인이 방목과 목축이라는 내용을 발견할 수 있었다. 밀농사 지역의 기후는 겨울이 습하고 비교적 따뜻하다. 그래서 겨울 작물인 밀이 잘 자란다. 반면에 여름은 건조하면서 뜨겁지만 그늘에만 들어가면 시원한 편이다. 더운 지역이라도 건조하기 때문에 비가 많이 오는 열대우림 지역에서 숲이 발달하는 것과 달리 밀농사 지역에서는 건조한 여름을 버티는 목초만 자랄 뿐이다. 목축이 발달한 이유, 밀과 육식, 빵과 고기가 서양 사람들의 주식이 된 것도 이 때문이리라.

두 번째는, 논농사 지역인 동아시아는 밀농사 지역과 달리 열대우림 지역만큼은 아니어도 그런대로 상당히 녹지가 잘 유지되고 있다는 사실이다. 처음 농사를 지을 때 '농사도 따지고 보면 자연 파괴의 산물이자 현장 아닌가'라는 의문을 떨칠 수가 없었다. 그리고 파괴의 전형이자 현장인 도시 문명도 농사에서 시작되었다는 점에서 그 의문은 더 깊어졌다. 그런데 그 의문이 사실이 아니라는 것을 동아시아의 논농사 지역을 보고 깨닫게 되었다.

논의 담수 능력과 토양 보호 능력은 이미 많이 알려진 사실이다. 우리나라 논 전체의 일 년 담수량이 소양호의 일고여덟 배가 된다 하지 않는가. 논이 있음으로써 홍수를 막아 주고 홍수로 인한 토양의 유실도 막아 준다. 말하자면 논은 사막화를 막는 파수꾼이다. 또한 논은 지하수를 지켜 주어 계곡물이 마르는 것을 밑에서부터 막아 주니 산의 숲까지 지켜 준다.

그런데 서울이나 도시 주변에서 이미 많은 논들이 사라진 지 오래다. 게다가 이상기후로 집중호우도 잦으니 이래저래 홍수 피해가 커질 수밖에 없다. 몇 년 전 강원도 홍수 피해 지역을 보면 대부분 관광지로 개발된 곳이거나 논농사가 발달하지 않은 곳이었다. 필리핀이나 남중국의 산골짝에 발달한 다랑논 지역처럼 산꼭대기까지 논을 만들었다면 그렇게 홍수 피해를 보았을까?

논농사 지역인 동아시아 중에서도 특히 우리나라는 남다른 농경문화를 발달시켜 왔는데, 그 핵심에는 콩이 자리하고 있었다. 서양 사람들이 밀을 먹으며 모자라는 단백질을 고기로 보충했다면, 우리네는 쌀을 먹으며 모자라는 단백질을 콩으로 보충했다. 게다가 콩나물에는 콩이 발아하면서 생성된 비타민 C가 들어 있다.

콩의 원산지는 만주와 우리나라다. 중요한 것은 목축은 흙을 황폐화시키지만 콩은 흙을 비옥하게 만든다는 점이다. 그래서 나는 농사의 으뜸은 쌀과 콩이라고 생각한다. 그 반대는 당연히 밀과 목축이다. 자투리땅인 논둑에서 자라는 콩은 우리 조상들의 훌륭한 농경문화를 보여 주는 대표적인 풍경이다.

게다가 우리 조상들은 논농사의 북방한계선을 위로 끌어올린 장본인이다. 조선 말기와 일제강점기 초기에 만주로 이주한 조선 사람들이 논농사가 되지 않는 만주에서 논을 만든 것이 그것을 증명한다. 만주는 가문 지역이라 한전旱田 작물인 옥수수, 감자, 수수 정도나 재배할 수 있었다. 그렇게 춥고 비가 적게 오는 지역에서 어떻게 고온다습한 기후에서나 가능한 벼를 재배할 수 있었을까? 이에 대해선 다음 글에서 좀 더 자세히 다루도록 하겠다.

세 번째는, 유럽의 백인들은 식민지 시대 이후에도 세계 곳곳에 정착했지만 유독 동아시아 지역에서만큼은 정착하지 못했다는 사실이다. 이는 특히 많은 궁금증을 불러일으켰다. 참 신기한 일이었다. 백인들은 신대륙 발견 이후 세계 곳곳을 누비며 식민지를 세우고 그곳의 토착민을 수탈했을 뿐만 아니라 멸종까지 시켜 가며 자신들의 영역을 넓혀 갔다. 그렇게 해서 영국은 '해가 지지 않는 나라'라는 이름을 얻었고, 다른 유럽 국가들도 이에 뒤질세라 세계 곳곳에 뿌리를 내렸다.

아프리카, 호주, 뉴질랜드, 북미, 중미, 남미, 등 그들의 발길이 안 뻗친 데가 없었고, 북·중·남미에서는 원주민을 멸종시키다시피 하면서 새로운 인종을 탄생시키기까지 했다. 그런데 유독 식민지 시대 이후 동아시아 지역에서 백인들은 전혀 뿌리를 내리지 못했다. 필리핀, 인도, 인도차이나 반도, 인도네시아 등 한때 백인들의 식민지였던 지역에서도 백인들이 떠나갔다. 왜 그랬을까?

상식적으로 생각해 보면 동아시아 지역의 뿌리 깊은 역사와 독자적 문명의 존재 때문일 것 같았지만 뭔가 그것만은 아닌 것 같았다. 특별한 연관을 찾지 못했지만 왠지 모르게 그것은 아마도 논 때문일 것 같다는 생각만 맴돌았다. 그러다 어느 날 우연히 이 문제를 해결할 수 있게 되었다.

콜럼버스 일행이 인도로 착각하고 북미 대륙에 들어섰을 때 그들은 광활하게 끝없이 펼쳐진 목초지를 보고 황홀해했다. 그들은 원래 향료를 구할 목적으로 인도를 찾아 떠났지만 향료보다 더 대단한 보물을 발견했던 것이다. 곧 그들은 인구와 수요가 늘면서 자신들의 목초지를 황폐화시키는 유럽의 소들을 신대륙으로 옮기는 소 식민 프로젝트를 감행했다. 이에 따라 원주민의 식량이자 북미 초원의 최강자였던 버펄로라는 야생종 소는 멸종 위기에 몰렸고, 초원에서 생활하던 원주민도 학살되거나 백인이 옮겨온 병에 걸려 죽거나 생활의 터전인 초원에서 쫓겨나 '인디언 보호 구역'에 격리되었으며, 잘해야 백인들이 유럽에서 가져온 소들을 지키는 카우보이로 전락했다.

목초지를 찾아 나선 백인들은 북미뿐만 아니라 중·남미, 호주, 캐나다, 아프리카 등지를 휩쓸고 다녔다. 이렇게 소와 함께 좁은 유럽 땅에서 벗어난 백인들은 전 세계 곳곳으로 퍼져 나갔으며, 그렇게 해서 늘어난 10억 명 이상의 백인들은 중국 다음가는 인구수를 갖게 되었다.

바로 해답은 목초지에 있었다. 논농사 지대는 소를 목축하는 입장에서 보면 하등 쓸데없는 땅이다. 논농사가 이루어지는 고온다습한 몬순기후에서는 목초지가 형성될 수 없다. 연강수량이 비교적 적은 (250~500mm 정도) 스텝기후(초원기후)의 지역이라야 광활한 목초지가 형성될 수 있다.

네 번째는, 논농사 지역일수록 공동체 문화가 발달한다는 사실이다. 농사 중에서 협동 노동을 가장 필요로 하는 것이 바로 논농사다. 모내기부터 김매기를 거쳐 수확까지 중요한 시기마다 집중적으로 노동이 투여되어야 가능한 게 논농사다. 두레라는 우리의 고유 공동체 문화도 바로 논농사에서 나왔다. 두레로 노동을 함께 할 때는 내 논 네 논 따로 구별하지 않았다. 누구의 논이든 상관없이 열심히 일을 했다. 더구나 몸이 불편해 농사짓기 힘든 집의 논은 우선순위로 먼저 일을 해 주었다. 받은 만큼 돌려주는 품앗이가 조금은 계산적인 원리라면 두레만큼은 철저히 이타적인 원리로 이뤄지는 공동체였다.

동아시아지역의 근대화·세계화가 늦어진 것도 결속력이 강한 공동체 문화 때문이라는 게 내 나름의 결론이다. 그동안 우리 사회에서 철저히 서양화·개방화·신자유주의화가 진행되면서 삶의 구석구석에서 공동체적 요소가 사라졌다. 신뢰와 양보와 희생의 정신 대신에 경쟁과 돈의 원리가 주도하면서 우리에게서 어느덧 행복이라는 삶의 질은 멀어져 간 것이다. 우리 주변에서 논들이 없어져 가듯이 말이다.

II

씨앗

농부아사農夫餓死 침궐종자枕厥種子
농부는 굶어죽을지언정 씨앗을 베고 죽는다

　제2차 세계대전 당시 나치 독일은 장장 2년 6개월 동안 소련의 레닌그라드를 봉쇄한 적이 있었다. 스탈린은 레닌그라드의 세계적인 박물관 예르미타시에 소장된 고가의 미술품들을 나치에게 빼앗길까 봐 안전한 곳으로 옮기는 데 전력을 다했다. 그런데 정작 히틀러는 고가의 미술품보다 더 빼앗고 싶은 게 있었으니, 바로 세계적인 종자 은행 바빌로프 식물 산업 연구소Vavilov Institute of Plant Industry에 있는 종자들이었다.

　바빌로프 연구소는 저명한 식물학자이자 유전학자인 바빌로프가 세계 곳곳을 누비며 수집해 놓은 20만 여 종의 식물 종자들이 보존되어 있던 당대 세계 최대 규모의 종자 은행이었다. 그런데 그 가치를 스탈린보다 히틀러가 더 잘 알고 있었던 것이다. 바빌로프 연구소의 연구원들은 그 어떤 국가적 관심이나 도움 없이 스스로 종자들을 지켜야 했다.

추운 겨울이 다가오자 레닌그라드의 상황은 더욱 악화되었다. 식량과 물자가 끊기고 굶어 죽는 사람들이 속출했다. 그러자 종자 은행 밖의 시민들이 종자 은행에 가면 먹을 수 있는 식물 종자들이 많다는 사실을 알고 그것을 빼앗으려 했다. 어쩌면 연구원들은 독일군보다 굶주린 시민을 더 두려워했을지도 모를 일이다. 지하실에 옮겨 놓은 종자들을 교대로 지키던 종자 은행 연구원들도 하나둘씩 쓰러졌다. 그들도 굶주림에 시달리기는 마찬가지였다. 그런데 연구원들은 9명의 동료가 종자를 눈앞에 두고 굶어 죽어가는 상황에서도 종자들을 온전히 지켜냈다. 참으로 대단한 살신성인의 경지라 할 만하다.

그런데 나는 그 이야기를 듣고는 살짝 미소를 지으며 속으로 '감동적인 이야기지만, 어쨌든 그들은 나라의 녹을 먹는 공무원들이니 그들의 행동은 당연한 것이다. 우리 조상들은 나라의 녹을 먹는 공무원도 아니고 그저 평범한 농사꾼에 불과했지만 농부라면 누구나 다 그렇게 종자를 지키며 살아왔다'고 애써 폄하하려 했다.

그럼 우리에게 과연 그런 사례가 있는가?

북만주·연해주 고려인들의 목숨을 건 종자 지키기

조선 말기와 일제강점기 시절, 살기 어려운 조국을 등지고 북만주와 연해주로 피난 간 농민들이 있었다. 그들이 그곳으로 도착했을 때는 심어 먹을 수 있는 땅 한 뙈기조차 구할 수 없었다. 이미 만주족이 경작 가능한 땅은 모두 차지하고 있었던 것이다. 그런데 북만주로 피난 간 우리 조상들의 눈에 쓸 만한 땅이 보였다. 강 주변의 자연 완충지인 습지가 천혜의 논으로 보였던 것이다. 만주족은 옥수수·수수·감자 같은 가뭄에 강한 한전旱田 작물만을 재배했기 때문에 그들에게 강 주변의 습지는 쓸모없는 땅이나 마찬가지였다. 말하자면 이런 땅은 주인 없는 황무지나 다름없었다.

그런데 벼농사에 대해 조금이나마 아는 사람은, 북만주 같은 북쪽 지역은 날씨도 춥고 비도 별로 오지 않는데다 해도 짧기 때문에 벼농사가 될까 하는 의문을 갖기 마련이다. 맞는 말이다. 그곳은 벼농사의 북방한계선 북쪽 지역이기에 당연히 드는 의문이다.

그러나 우리 조상들은 다르게 생각했다. 일단 습지라서 물 문제는 기본적으로 해결될 수 있었다. 문제는 짧은 일조량과 추위였다. 이 문제를 어떻게 해결했을까? 해법은 종자에 있었다. 이른바 조생종인 올벼를 이용하는 것이었다. 옛날엔 농부라면 누구나 올벼를 심었다. 추석 때 제사상에 올릴 겸 날이 선선해질 때 따뜻한 쌀밥을 먹어 몸을 보하기 위해서였다.

당연히 동토의 땅으로 피난 갈 때도 그 볍씨를 챙겨 갔을 것이다. 올벼는 빠르면 9월 초에 수확할 수 있으니 거의 두 달이나 빨리 익는 벼라 추운 북방 지역에서도 재배가 가능했을 것이다. 연해주 지역은 첫 서리가 9월 중순에 내리고 늦서리가 5월 중순에 내리니까 조생종 벼를 심기에 적당했다. 아니 어쩌면 우리나라보다 조생종 벼를 재배하기에 더 좋았을 수도 있다. 서리는 일찍 내리지만 하루 일조량이 우리나라보다 훨씬 많기 때문이다. 한여름엔 해가 밤 11시에나 질 정도로 일조시간이 길기 때문에 벼가 쑥쑥 클 수 있었을 것이다.

이렇게 벼의 북방한계선을 극복한 우리 조상들의 지혜는 그 자체로 참으로 감탄스럽지만, 자연의 순리를 따르면서 그 한계를 극복한 흔치 않은 사례이기에 더욱 값지다. 자연을 파괴하며 자연을 지배해 온 문명이 머지않아 직면할 위기와 한계를 어떻게 극복할 수 있을지 그 단초를 보여 주기 때문이다.

그러나 스탈린은 연해주의 조선족을 황무지나 다름없는 중앙아시아의 초원 지대로 강제로 이주시켰다. 강제 이주를 통보하고서 이삿짐 쌀 시간을 한 시간 정도 주었다고 하니, 이런 야만은 역사상 유례를 찾기 힘들 것이다. 아무튼 연해주의 조선족은 짧은 시간 동안 가장 먼저 종자를 챙겼다. 어디를 가든 종자만 있으면 목숨 줄을 유지할 수 있었기 때문이다.

강제로 끌려가는 두 달여에 걸친 긴 기차 여행에서 많은 조선족(고려인)이 죽어 나갔다. 그리고 팽개쳐진 중앙아시아는 초원 지대라 유목은 할 수 있어도 농사에는 전혀 마땅치 않은 곳이었다. 늦가을에 황량한 초원에 버려진 고려인들은 추운 겨울을 거치며 또 많이 죽어 나갔다. 추워서 죽고 굶어서 죽었다. 그들의 한을 어떻게 이루 말로 다할 수 있을까?

아무튼 고려인들은 그렇게 굶어 죽어 가는 중에도 싸 간 종자를 먹지 않았으니 바로 '농부아사農夫餓死 침궐종자農夫餓死'를 실천한 것이다. 나는 바빌로프 연구소의 직원들이 목숨 걸고 종자를 지킨 것보다 더 감동을 주는 우리 조상들의 이야기가 있어 혼자 속으로 미소 지은 것이다. 강제로 끌려간 고려인들에게 무슨 사명이 있고 애국심이 있었겠는가? 오로지 후손들의 목숨을 위해 아무런 대가 없이 죽어 갔으니 그처럼 숭고한 일이 또 어디 있겠는가?

단작이 종자를 사라지게 한다

우리나라는 면적에 비해 상당히 다양한 토종 종자*를 보유하고 있었다. 이들 종자 중에는 우리나라가 원산지인 작물은 거의 없고 대부분은 밖에서 들어온 작물이다. 예외로 콩만이 우리나라가 원산지다. 안타깝게도 콩의 원산지가 우리나라라는 사실을 사람들은 잘 모른다.

---

* 토종이란 자생종을 뜻하는 게 아니다. 자생종을 포함해서 외래 귀화종이라 해도 누대에 걸쳐 씨를 받아 재배하면서 토착화되어 그 환경에 적응한 종자를 말한다.

우리 조상들은 콩의 가짓수를 무진장 불려 놨으니 놀랍게도 4천여 가지가 넘었다. 농부는 종자를 심고 키워서 먹기만 한 게 아니었다. 심은 것 이상으로 종자를 불렸다. 그게 작물을 먹은 대가를 작물에게 지불한 방식이었다. 작물을 먹고 그 씨앗을 불려 주어야 작물에게도 좋고 사람에게도 좋은 것이다.

그런데 사람이 작물의 씨앗을 불려 주지 않으면 작물은 어떻게 될까? 종자 은행이나 종묘 회사에서 불려 주면 그것으로 족할까? 물론 그것도 중요한 종자 보전 방법이다. 그러나 농부가 직접 씨앗을 심고 작물을 수확하고 다시 씨앗을 받아야 씨앗은 제대로 진화한다. 그리고 또한 다양해진다. 종자 은행과 종묘 회사에 의존하면 씨앗은 다양성을 잃고 언젠가 사라져 버릴 위험성이 커진다.

다양성을 잃어버린 종자가 얼마나 위험한지를 온몸으로 증명해 준 사례가 1800년대 중반의 아일랜드 감자 역병 사건이다. 아일랜드는 한 종류의 감자만 심어 먹었다. 그게 화근이었다. 전 유럽을 휩쓴 감자 역병은 아일랜드에 극심한 피해를 주었다. 감자 역병으로 감자를 전혀 수확하지 못하자 당시 아일랜드 인구의 약 13퍼센트에 이르는 110만 명 이상이 굶어죽었고 100만 명이 넘는 사람이 고향을 등지고 미국으로 건너갔다. 케네디 대통령 집안도 그때 미국으로 건너갔다고 한다.

안데스 산맥의 높은 곳에 사는 고산족들은 다양한 종류의 감자를 심어 먹었다. 지금도 그곳 농가에서는 28가지의 감자를 심어 먹는다고 한다. 감자 종류가 왜 그리 많을까? 한 종류만 심어 먹으면 재난이 왔을 때 폐농할 위험이 크고 굶는 일이 생길 수 있음을 알고 있기 때문이다. 이런 현명한 자세가 다양한 종자를 불러 왔고 인류의 삶을 지속 가능하게 해 왔을 것이다.

그러나 점차 한 가지 종자의 작물, 나아가 한 가지 작물을 재배하기에 이르렀다. 많은 종류 작물을 재배하면 생산량은 많지 않다. 노동 효율이 떨어지고 기계 농사도 힘들다. 생산량을 크게 늘리려면 단작(홑짓기)을 해야 한다. 그렇게 해서 인간은 비로소 배부르게 먹을 수 있게 되었다. 그런데 어떤 일이 벌어졌는가? 수많은 사람이 탈농했고 농촌을 떠났다. 그에 따라 단작의 규모는 점점 더 커졌다. 가도 가도 끝이 없는 옥수수밭, 밀밭, 포도밭, 올리브밭, 담배밭, 목화밭, 배추밭, 감자밭, 차밭 등을 만들어 냈다.

이런 단작 농사는 씨앗을 사라지게 한다. 씨앗만 사라지는 게 아니다. 스페인의 끝없는 단작 평원에 가 보니 새가 안 보이고 사람이 안 보였다. 단작 평원은 생물 다양성이 고갈되어 새도 살지 못하는 사막과 같은 곳이 된 것이다.

단작을 하면 우선 땅이 망가진다. 똑같은 작물이 똑같은 깊이의 뿌리로 자라면 땅의 물리적 구조가 편향된다. 또한 뿌리를 통해 내뿜는 똑같은 종류의 염류가 쌓인다. 당연히 뿌리에 기생해 사는 미생물도 한 종류만 몰리게 되니 토양의 화학적·생물적 구조도 편향된다. 반대로 여러 가지 종류의 작물을 심으면 토양의 물리적·화학적·생물학적 성격이 다양해지고 건강해진다.

땅 위의 상황은 어떠할까? 한 가지 작물만을 심으니 생물 다양성이 다양해질 리 없다. 그 작물만 좋아하는 벌레나 생명들이 몰려든다. 우점종이 생기는 것이다. 그런데 과학 농법에 의해 화학 살균·살충제가 발달하고 또한 GMO 작물이 개발되어 그런 병해충에 대응하는 시스템을 조성하여 그것조차 창궐은커녕 숨 쉴 틈을 내주지 않는다. 그러니 어찌 새 한 마리가 살 수 있을까?

유명한 SF 영화 〈인터스텔라〉에는 무시무시한 흙바람이 인류를 멸망의 길로 인도하는 장면이 있다. 그런데 영화를 본 사람들이 미처 깨닫지 못하는 게 있다. 그 흙바람이 바로 끝없이 펼쳐진 옥수수 평원 때문이라는 사실이다. 분명히 옥수수 평원 너머에는 이미 이전의 옥수수 단작으로 사막화된 곳이 있을 것이다. 흙바람은 바로 그곳에서 불어오는 것이고, 지금의 옥수수 평원도 머지않아 사막화되어 흙바람은 더욱더 거세질 것이다. 그러니까 단작 농사의 규모가 커질수록 인류의 멸망은 점점 더 앞당겨질 것임에 틀림없다.

또한 단작 평원에는 파종할 때나 수확할 때 말고는 사람도 별로 보이지 않는다. 사람의 노동도 커뮤니티 방식이 아닌 기계 노동이든가 노예 노동뿐이다. 온 세상에 오로지 올리브만 존재하는 끝없는 단작 평원을 보고 있자니 열매를 수확할 때는 누가 와서 하는지 궁금해 물어봤다. 집시들이나 가난한 나라에서 온 불법 체류자들이 한다고 한다. 그 말을 듣는 순간 노예제가 바로 단작이 불러들였구나 하는 생각이 퍼뜩 들었다. 로마 시대에나 있었던 게 아니라.

산업혁명으로 다시 부활한 노예제, 그러니까 산업화된 단작 농사를 통해 부활한 노예제는 단작 농사가 불러낸 보편적 노동 방식이었을지 모른다. 그런 노예 노동은 산업화된 공장 노동과 매우 흡사하다. 러시아의 유명한 무정부주의자 크로포트킨은 이렇게 역설했다. "평생 나사만 끼우던 공장 노동자가 사회주의 혁명이 성공하여 새 세상이 왔는데도 여전히 나사만 끼우고 있다면 혁명은 그 노동자에게 무슨 의미가 있을까?"

씨앗의 나라 대한민국

우리 조상은 후손들에게 많은 종자를 물려주었다. 콩은 자그마치 4천여 가지 넘는 씨앗을 물려주었고 벼는 1,500여 가지 가까운 씨앗을 물려주었다. 그런데 멍청한 후손들이 그 씨앗들을 말리거나 눈 뜨고 빼앗겨 일본과 미국이 우리 것을 더 많이 갖고 있다. 조상들은 많은 씨앗을 물려주었을 뿐만 아니라 씨앗에 관한 지혜와 철학까지 물려

주었다. 이런 씨 문화를 곳곳에 퍼뜨려 놓았는데 눈 뜬 장님 후손들은 그것을 모르고 그저 서양 문명, 도시 문명, 돈 문명, 편리한 문명만을 쫓아왔다.

우리 모두는 '씨'라는 사실을 알면서도 모른다. 누군가를 부를 때 왜 '씨'라는 말을 붙였을까? 성을 또 왜 '씨'라고 했을까? 이건 분명 씨임에 틀림없다. 그리고 씨같이 살라는 가르침이 담겨 있다.

노래 중에 한마을에 살던 갑돌이와 갑순이가 결혼하지 못하는 이야기가 있다. 왜 그들은 결혼하지 못했을까? 그건 분명 같은 씨여서 그럴 것이다. 갑돌이와 을순이, 을돌이와 갑순이면 사정이 달랐을 일이다. 노래를 만든 사람이 그걸 알고 그랬는지는 모르지만, 우리의 씨 문화가 반영된 것임에는 틀림없어 보인다.

우리는 결속력이 강한 공동체 사회를 이루고 살아왔다. 오랜 세월을 붙박이로 살아온 공동체 사회가 씨족 마을인 것은 당연한 일이었다. 씨족 공동체에선 근친 짝짓기를 경계해야 했다. 근친 짝짓기는 종자의 열성 인자를 드러나게 하고 환경 적응력을 떨어뜨리며 근친 유전병으로 인해 자칫하면 공동체 자체를 붕괴시킬 위험한 일이었다. 성 금기 문화가 발달한 것도 그렇게 이해할 수 있다. 남녀칠세부동석에서부터 조혼 문화, 중매결혼 문화가 그것들이다. 사춘기 아이들이 이성에 눈을 떴는데 이웃의 사촌누나·사촌오빠가 예뻐 보이고 멋있어 보이면 큰일이 나는 것이다. 아이들이 크면 어서 빨리 중매결혼을 시켜야지 자칫 지들끼리 눈이 맞아 연애라도 하게 되면 근친 짝짓기가 일어날 위험이 큰 것이다.

중매결혼을 할 때 멀지도 않고 가깝지도 않은 마을에서 처자를 데리고 왔다. 시집을 올 때 여성은 성을 바꾸지 않았다. 서양과 일본에서 결혼하면 남편의 성을 따르는 것과 달랐다. 우리는 성을 바꾸지 않았을 뿐만 아니라 족보에 어느 집안의 몇 째 딸인지 정확히 기재하기까지 했다. 이는 무슨 의미일까? 내가 볼 때 이는 자식들에게 중요한 메시지를 주는 것이었다. "너희들은 이다음에 어머니와 같은 마을 사람, 같은 성을 가진 사람, 같은 집안사람과는 결혼하지 말라"는 준엄한 지침이었던 것이다.

그런데 더 주목할 만한 것은, 딸이 시집 갈 때 친정어머니는 밥그릇·국그릇과 오강단지를 싸주면서 빈 그릇으로 보내지 않고 그 안에다 씨앗을 담아 주었다는 사실이다. 아마도 씨앗을 담아 주면서 친정어머니는 이랬을 것이다. "이 씨앗만 잘 이어 가면 굶지는 않을 것이니, 잘 간수하고 심어 먹거라."

이렇게 바깥 마을에서 들어온 여성과 작물 씨앗은 사람만이 아니라 작물의 씨까지 갱신해 주었다. 작물도 생명인지라 같은 씨가 오랜 세월 한마을에서 심어지게 되면 근친 퇴화 현상이 나타난다. 대표적인 게 옥수수인데, 토종 옥수수의 자루가 대부분 짤막한 것은 이 때문이다. 간혹 씨를 잘 관리하여 토종 옥수수답지 않게 이삭자루를 팔뚝만 하게 키우는 할머니를 볼 수 있다. 주기적으로 다른 옥수수 씨를 들여와 씨를 갱신하는 노력의 결과였으리라.

가부장 문화, 중매결혼 문화, 성 금기 문화가 옳다고 말하는 것은 아니지만 급격한 근대화로 자유연애 사상이 들어오면서 우리 조상들의 씨 철학이 급격히 사라져 간 것이 안타까울 뿐이다.

젊은 시절 시골에 놀러 갔다가 선뜻 이해하지 못할 장면에 의아해했던 기억이 선명하다. 쌀 파는 사람이 쌀을 판다고 하지 않고 거꾸로 산다고 하는 것이 아닌가. 쌀을 팔면서 반대로 "쌀 삽니다"라고 말할까? 참으로 이해하기 어려운 일이었다. 그것을 비로소 이해하게 된 것은 씨앗을 공부하고 나서였다.

우리는 쌀 파는 일을 경계했다. 쌀은 목숨이기에 가족이 먹고 이웃과 나눠 먹어야지 팔아선 안 되는 것이었다. 언젠가 해방 후 미군정 시절의 홍보 포스터 전시회에서 "농민 여러분 도시 사람들에게도 쌀을 팝시다."라는 포스터를 본 적이 있었다. 참 신기했다. 모든 쌀을 강제 공출해 가던 일제 통치가 사라져 겨우 쌀을 먹을 수 있게 되었으니 쌀을 팔지 않으려고 했을 수도 있었을 것이다. 이런 이야기를 했더니 어느 분이 재밌는 이야기를 하나 해 주었다. 자기 마을에선 쌀 팔러 가는 일을 돈 사러 간다고 했다는 것이다. 참으로 기 막힌 표현이었다. 쌀 파는 일을 감추고자 했던 조상들의 집착이 대단했다.

쌀이 뭔가? 쌀이나 보리나 콩이나 우리가 주식으로 먹는 곡식은 모두 씨다. 씨를 먹는 것이다. 씨는 가족과 이웃이 나눠 먹거나 다음 해 먹을 식량을 위해 땅에 심는 것이지 얼굴도 모르는 남에게 돈 받고 팔아서는 안 되는 것이었을 게다. 우리가 욕할 때 쓰는 열여덟 놈도 여기서 연원했을 것 같다. 팔아서는 안 되는 씨를 팔아먹을 놈이니 씨를 파는 일은 근본을, 그리고 생명을 팔아먹는 일이지 않았을까?

다시 살아나는 씨앗 나눔 운동

사라져 가는 우리의 토종 작물 씨앗을 선구적으로 지켜 온 분이 있으니 바로 안완식 박사님이다. 박사님은 1980년대 중반 농촌진흥청에 계실 때부터 종자를 모으기 시작했는데, 이를 바탕으로 종자은행이 설립되었고 이후 국립농업과학원 농업유전자센터(씨앗은행)로 자리 잡았다. 박사님의 노력이 민간의 운동으로 번져간 것은 2000년대 초의 일이었다. 토종 종자의 수집 및 보급 운동에 관심을 가졌던 전국여성농민회총연합(전여농), (사)흙살림, (사)전국귀농운동본부 등을 중심으로 2013년 우리나라 토종 운동의 중심이라 할 '토종 씨드림'이 창립되었고 안완식 박사님이 대표로 나섰다.

토종 씨드림은 정기적으로 여러 농촌 마을을 방문해 씨앗을 수집하고 토종 학교를 열어 토종을 지켜 갈 토종 농부를 양성하고 있으며 수집한 종자를 증식할 농장을 운영하고 있다. 또한 참여 단체들도 각자의 영역에서 활동 범위를 넓히고 있다. 전여농은 전국의 지부 조직에서 토종 수집 및 보급 운동을 적극 실천하고 있으며 지부마다 토종 종자 증식 농장을 늘려 가고 있다. 흙살림은 토종 연구소를 설립해 전문적으로 토종 종자를 연구하고 있으며 학문적으로 토종 종자의 가치를 넓혀 가고 있다. 귀농운동본부는 소농 학교를 열어 전통 농업과 토종 농사를 보급하고 있으며 도시농업 운동을 일으켜 도시농업에서 토종이 확대되는 데 산파 역할을 하고 있다.

전국도시농업시민협의회를 필두로 확산되고 있는 도시농업 운동에도 토종이 퍼지고 있다. 파는 농사보다는 자급 농사에 치중하고 있는 도시농업에 토종은 꽤나 잘 어울린다. 도시 농부들이 토종에 열광하는 이유이기도 하다. 2014년 제1회 토종 나눔 축제가 도시농업시민협의회 주도로 서울 한강 한복판 노들텃밭에서 열렸고, 2015년에는 서울 도심 한복판 명동성당에서 열렸다. 그 열기는 참으로 대단했다.

농촌에서는 토종 농부 모임이 확대되고 있다. 전여농을 비롯해 씨드림 지역 조직이 활발하다. 그리고 농촌과 도시를 넘나들며 씨앗 도서관들이 설립되고 있다. 최초로 충남 홍성에서 민간의 노력으로 설립되었고 경기 고양, 부산, 서울 등으로 확대되고 있고 도시농업박람회의 고정 코너로 자리 잡았다. 또한 토종 작물의 보존에 대한 법적·제도적 보완의 필요성이 대두하면서 경상남도, 전라남도, 경기도, 강원도 등의 각 지자체에서는 토종 작물의 보존·육성을 위한 조례를 제정했다.

토종은 단작 상업 농사의 여파로 거의 자취를 감춰 버렸다. 안완식 박사님에 따르면 1985년 이후 10년 만에 토종 종자를 수집한 곳에 다시 가 보니 10퍼센트 정도의 토종 종자밖에 재배되고 있지 않았다고 하니, 그 후의 감소는 더 말할 필요도 없을 것이다. 소수지만 아직 생존해 계신 할머니·할아버지들을 찾아 나서는 일이 그래서 중요하다. 대개 할머니·할아버지들은 힘도 없고 돈을 벌 이유도 적어 자급 농사 하는 분들이 많다. 당신들도 먹겠지만 도시의 자식들에게 주기 위해 씨앗값도 아끼려고 토종을 이어 가고 있다. 어쩌면 그분들이 있어 우리의 토종 운동이 부활하여 씨를 이어 가고 있는지 모르겠다. 참으로 다행한 일이 아닐 수 없다.

하나님은 흙으로 인간을 만드셨다. 흙이 아니라 대리석이나 콘크리트, 금이나 구리로 만들면 인간이 영원할 텐데 왜 비 맞으면 허물어질 흙으로 만드셨을까? 곰곰이 생각해 보니 하나님이 바로 씨였던 것 같다. 씨가 흙을 만나 많은 생명을 낳듯이 말이다. 씨가 대리석이나 콘크리트에 떨어지면 싹이 날 리가 있겠는가? 씨의 숨이 흙에 생명을 불어넣었으니 흙도 살고 생명도 살았으리라. 씨를 하나님 모시듯 하면 뭇 생명이 평안할 텐데 하는 생각이 든다.

전통 농업은 채종하는 농사

토종 종자로만 농사지은 지 10여 년이 넘었다. 그전엔 그래도 토종이 대부분인 곡류는 계속 씨를 받아서 심었지만 채소류는 거의 종묘상에서 사다가 심었다. 그러다가 토종 종자 보급에 평생을 바치신 안완식 박사님을 알게 된 후 몇 가지 채소 토종을 얻을 수 있었다.

토종을 심으니 농사가 다시 새록새록 재미있어졌다. 무엇보다 잘생긴 겉모습이 꼭 화초 키우는 맛을 느끼게 해 주었다. 토종 닭이 다른 일반 닭보다 잘생긴 것과 같은 이치다. 특히 토종 고추가 그렇다. 토종 작물이 일반 작물보다 잘생긴 이유는 간단하다. 개량종 고추는 다수확 곧 생산량이 많도록 개량되었기 때문에 살만 뒤룩뒤룩 찐 양돼지와 비슷하다. 토종에 비해 새순을 많이 내는 개량종 고추는 정신이 없다. 여러 갈래로 뻗은 줄기들을 잘 잘라 주어 열매가 한곳에 집중적으로 열리게 해야 한다. 반면 토종은 줄기를 많이 뻗질 않는다. 자기가 알아서 한두 가지 정도만 뻗는다. 그래서 토종은 매끈하다. 잘생긴 것이다.

종묘상에서 돈 주고 사다 심는 개량종은 이른바 '일대 잡종(F1)'이다. 일대 잡종의 특징은 불임종이라는 사실이다. 이 작물을 키워 씨를 받아 심으면 발아율이 현저히 떨어질 뿐만 아니라 어미와 똑같은 자식이 나오질 않는다. 발아해서 자라도 병에 약하고 생산성도 뚝 떨어진다.

그럼 종묘 회사들은 왜 불임 씨앗을 만들까? 우선 가임 씨앗을 만들면 다음부터는 농부들이 씨앗을 사지 않기 때문이다. 두 번째는 상품성 있는 종자를 만들면 다른 회사에서 베낄 수 있기 때문이다. 그래서 요즘은 터미네이터 종자라고 해서 아예 완전히 발아조차 되지 않게끔 만드는 기술까지 나왔다.

토종과 개량종의 차이를 알아보자. 먼저 가장 큰 차이는 토종엔 저작권이 없다는 점이다. 저작권이 없으니 사용료도 없다. 말하자면 기본적으로 돈 받고 사고파는 물건이 될 수 없다. 그리고 토종은 불임 씨앗이 아니기 때문에 수확한 후 씨앗을 보존해 매년 계속 심을 수 있다. 이래저래 토종은 장사꾼들에겐 매력이 전혀 없다.

우리나라의 종묘 회사는 IMF 때 대부분 외국 회사에게 넘어갔다. 우리나라의 식량 자급률은 23퍼센트쯤 되는 상황이고, 그나마 쌀을 빼면 겨우 한 자리 숫자에 불과하다. 더욱이 이런 자급률을 유지하는 작물들의 종자가 대부분 외국 회사의 것이라니 식량 주권만이 아니라 종자 주권까지 남의 손에 넘어간 꼴이다.

다음으로 토종과 개량종의 차이점으로 심각한 것은 종 다양성 문제다. 토종은 종이 다양한 반면 개량종은 종이 단순하다. 대표적인 예가 바나나다. 바나나는 육종에 의해 품종이 아주 단순해졌다. 게다가 삽목으로 번식하는 것만 남아서 씨 있는 바나나가 사라졌다. 그래서 바나나는 앞으로 10년 안에 멸종될 것으로 예측되기도 한다.

바나나야 남의 작물이니 상관없다 하겠지만 이런 조짐은 이미 우리나라에서도 점점 드러나고 있다. 토종이 1,500여 종에 가까웠던 볍씨를 보자. 현재 볍씨 종자는 400여 종만 남아 있는데, 그나마 종자 은행에서 잠자고 있고 현장에선 아키바레·고시히카리 같은 일본산 종자들과 국내산 개량종도 일본산처럼 찰진 쌀을 주로 심는다. 구수한 우리 토종보다 찰진 일본 종자가 소비자 입맛을 장악한 것이다.

토종 쌀만큼 멸종 위기에 처해 있지는 않지만 곧 멸종될 가능성이 있는 토종은 바로 콩이다. 쌀과 함께 콩은 우리 민족의 생명을 지켜온 고마운 작물이다. 4천여 종에 이르는 토종 콩 중에서 2천 여 종은 우리나라 종자 은행에 보관되어 있고, 미국이 수집해서 보관하고 있는 것이 3천 종 이상이다. 종자란 현장 농부들에 의해 계속 재배되어 자연스럽게 육종을 거쳐야 건강한 생명력을 지닐 수 있다. 그런 점에서 농부는 훌륭한 육종가다. 그런데 현장에서 재배되고 있는 콩은 절대적으로 적다. 강원도에서 토종 콩 농사로 유명한 한 농부가 재배하고 있는 종자 수는 80여 종밖에 되지 않았다.

멸종될 뻔했다가 겨우 복원된 작물로 유명한 것은 우리밀이다. 우리밀이 지금 세계 밀 시장을 장악하고 있는 미국 밀의 밑바탕이 되었다는 사실을 아는 사람은 별로 없다. 서양 밀은 잘 쓰러지는 단점을 갖고 있었다. 이를 해결해 준 게 우리의 앉은뱅이밀이다. 이 밀을 일제 강점기에 일본 사람들이 새로운 종자 개발에 사용했고 이것이 다시 미국 밀 종자 개발에 이용되었던 것이다.

종이 다양할수록 생태계는 건강한 법이다. 먹이사슬이 그만큼 다채롭고 살아 있다는 뜻이다. 종이 단순해지고 표준화되면 종은 멸종될 가능성이 많아진다. 이게 토종을 살려야 하는 근본적인 이유다.

우리 토종의 종자 수가 다양한 것은 작은 땅임에도 산골이 많아 지역의 기후와 환경의 차이가 많기 때문인 것으로 보인다. 종자 수가 다양하면 자연의 변화에 대응력이 커진다. 예컨대 가뭄에 강한 볍씨와 일찍 이삭을 패는 볍씨 등 여러 종류의 볍씨를 심어 두었다가 기후 상태를 보아 가며 그에 맞는 볍씨를 선택해 모내기하는 방식이다. 자연이 종자를 다양하게 해 준 것만이 아니라 인간의 노력에 의해서도 종자가 다양해진 것이다.

그럼 왜 사람들은 토종을 심지 않고 비싼 돈 주고 개량종을 사다 심는 것일까? 무엇보다도 개량종은 수확량이 많다. 다수확 종자인 것이다. 다음으로는 일찍 수확할 수가 있다. 그리고 씨보다 과육질이 많고 열매도 크다.

그럼 개량종의 단점은 없을까? 우선 개량종은 병에 약하다. 특정한 병에 강하게 육종하다 보니 그 외의 다른 병에는 약하다. 그리고 전염이 잘 되어 금방 번진다. 반면 토종은 병에 걸려도 잘 버틴다. 잘 퍼지지 않는다. 토종은 여러 병에 걸려 가며 진화해 왔기 때문이다. 다음으로 개량종은 토종에 비해 맛이 덜하다. 물고기로 치면 양식과 자연산의 차이다.

개량종을 심는 이유는 따지고 보면 다수확성 말고는 신통한 것이 없다. 개량종은 병과 기후 변화에 약하다. 매년 농산물 가격이 폭락과 폭등을 반복하는 것도 이와 무관치 않다. 2006년 초 남부 지방에 눈이 많이 와서 상추값이 폭등했다. 여름엔 비가 많이 와서 고추에 병이 많이 왔다. 고추값이 금값이라고 했다.

처음 토종 고추를 심을 때 혹시 몰라 육종 종자와 함께 세 종류를 심었는데 다 병에 걸리지는 않았다. 그중 토종이 특히 병에 강한 면모를 보여 주었다. 자리를 잘못 잡아 장마 때 토종 고추 네 포기가 물에 잠기다 시피 해서 풋마름병에 걸렸는데 한 포기만 죽고 세 포기가 완벽하게 살아남았다. 이처럼 토종이 생산성은 떨어지지만 병에 강하다면 개량종처럼 병충해로 인한 등락을 반복하지는 않을 것이다. 일정한 수확량을 유지할 수 있다면 결국엔 개량종과 그렇게 큰 차이가 나지 않을 수 있다.

대부분의 개량종 열매는 크고 과육질이 많으며 모양이 일정하다는 장점을 지니고 있다. 열매가 크다는 것은 인간이 많이 먹으려고 그렇게 육종한 것이다. 그런데 작물의 입장에서 보면 열매란 그 속에 있는 씨앗의 영양분이거나 씨앗을 보호하는 장치일 따름이다. 그런데 개량종 열매는 씨앗은 양도 적고 크기도 작고 튼실하지도 않은데 과육질이 많다. 말하자면 기형이다. 제대로 된 생명을 먹어야 사람도 제대로 생명을 유지할 수 있을 텐데 이런 기형을 먹어서야 어찌 제대로 생명을 누릴 수 있겠는가?

원래 사람은 작물을 먹는 대가로 그 작물을 번식시켜 줄 의무가 있다. 그게 자연이 맺어 준 사람과 작물의 영원한 약속이다. 넓게 보면 식물과 동물의 약속이기도 하다. 그런데 이 약속을 사람이 먼저 깼다. 그것이 불임잡종 종자다. 이렇게 되면 종자 수는 단순해지고 자가 번식력을 잃어버려 멸종으로 치달을 것이고, 결국 사람들의 먹을거리가 없어지는 결과를 초래할 것이다. 이게 우리가 토종을 지키고 스스로 종자를 채취하는 농부가 되어야 하는 이유다.

토종이 없어지는 데에는 농부보다 도시 소비자의 책임이 더 크다. 토종이 없어진 것은 농사가 상업화되었기 때문이다. 토종은 상업적인 농사에 적합하지 않다. 많은 양을 생산하여 도시 사람들을 먹여 살리려면 수확이 적은 토종보다 수확이 많은 개량종을 심어야 했다. 대표적인 것이 통일벼다. 그러나 다수확을 했다고 해서 농부가 부자가 된 것도 아니다. 도시에선 대량 생산에 성공하면 돈을 벌지만 농작물은 대량 생산되면 똥값이 되어 오히려 쪽박 찬다. 토종도 없어지고 농부는 가난해지고, 그러니 농부도 없어지고 더불어 토종이 급속도로 없어진다.

토종 종자와 약식동원藥食同原

우리나라 사람들은 전통적으로 약식동원藥食同原이라 해서 '약과 음식은 근원이 같다'고 여겼다. 한마디로 '음식은 곧 약食卽藥'이라 했다. 음식이 약이 되는 것의 기초는 채식에 있다. 엄밀히 말하면 채식이라기보다 곡식穀食이라 해야 옳다.

우리의 밥상은 말 그대로 밥 위주의 식단이었다. 어릴 적을 기억하면 대번에 이 뜻을 이해할 것이다. 아주 어릴 때인데도 그때 밥그릇이 지금의 두 배는 넘었을 것 같다. 밥도 백미가 아니라 보리밥 아니면 현미에 다른 곡식이 많이 섞인 밥이었다. 반찬이라고는 김치와 된장찌개에다 콩자반이나 나물 정도였다. 이 밥 한 그릇으로 필요한 영양은 다 섭취했다.

채식주의는 육식 위주 밥상의 폐해에 대한 반작용으로 나왔다. 기본 영양소 다섯 가지는 단백질, 지방, 탄수화물, 무기질, 비타민이다. 가장 중요한 영양소는 역시 단백질이다. 그러나 단백질은 분해 과정이 복잡하다. 각종 아미노산으로 분해되는 것도 그렇고, 쓰고 남는 단백질을 처리하는 과정도 복잡하다. 요소CH_4N_2O로 분해되어 나오는 과정 자체가 복잡하다. 그래서 남는 단백질은 오래 몸속에 잔류하면서 부패균과 독가스를 만든다. 지방은 더 문제다. 에너지로 쓰고 남은 지방은 피하지방 조직에 축적되어 비만을 일으킨다. 그런데 고기 단백질을 섭취하면 대개 지방과 함께 섭취하기 마련이다. 고기의 맛을 좌우하는 것이 지방이다. 사실 단백질 자체는 맛이 별로다. 탄수화물은 분해 과정도 단순하지만 쓰고 남는 것의 처리도 간단하다. 물과 이산화탄소로 분해되어 금방 몸 밖으로 빠져나간다. 단백질처럼 독가스나 부패균을 거의 만들지도 않는다.

고기 단백질이 부족한 우리 식단은 영양이라는 관점에서는 부족할지 모르지만 약이라는 관점에서는 훌륭했다. 단백질 부족이 문제가 되지만, 동시에 단백질에 의한 독도 세균의 발생도 적었다. 곡식은 영양의 관점에서는 탄수화물 섭취를 목적으로 한 음식이겠지만 완전식이나 제철음식의 관점에서 보면 약이 아닌 것이 없다. 예컨대 보리는 당뇨·빈혈·고혈압에 좋은 음식이며 비타민이 풍부하여 각기병 예방에도 좋다. 밀은 신경 안정과 기력 증진에 좋으며 두뇌를 명석하게 해 주는 아미노산을 많이 만들어 준다. 수수는 식이섬유가 많아 장 기능을 좋게 해 주고 칼슘이 많아 골다공증에 좋은 음식이다. 조는 위를 건강하게 해 준다. 그래서 이 곡식들은 하나하나 한약재로 쓰이기도 한다. 단지 탄수화물 섭취만이 목적이 아니었던 것이다.

콩으로 만든 장은 훌륭한 민간 약재였다. 간장과 된장은 독을 해독하는 데 탁월하다. 불에 데었을 때도 좋고 벌에 쏘였을 때도 효험이 있다. 또한 물고기나 육고기로 음식할 때 비린내를 없애는 데에도 탁월하다. 말하자면 독이 있는 음식을 중화시키는 역할을 한다. 단순히 단백질 섭취만이 목적이 아닌 것이다.

김치는 어떠한가? 김치가 익는 과정에서 발효되어 증식된 유산균이 세균의 강력한 천적 기능을 한다는 것은 널리 알려진 사실이다. 우리나라 사람들이 사스라는 역병에 걸리지 않은 이유가 김치에 있다는 소문도 이 때문에 생겼다. 그러나 김치의 탁월함은 유산균에만 있지 않다. 김치는 그 자체로 완전음식에 가깝다. 우선 김치에는 사계절이 다 들어가 있다. 김치의 주재료인 배추는 가을에 자라고, 양념의 대명사인 마늘은 늦가을에 심어 겨울을 나고 초여름에 수확하며, 빨간 고춧가루는 뜨거운 여름 기운을 먹어야 매운 기운을 낸다. 맛으로 치면 쌉쌀하면서 단 배추, 매운 고춧가루, 발효되면서 생기는 신맛, 천일염으로 내는 짠맛 등 다섯 가지 맛이 완전한 조화를 이룬다. 게다가 젓갈을 넣어서 단백질도 보충하며 그것으로 김치의 깊은 맛을 더해 준다.

우리 음식의 특징을 꼽으라면 나물과 묵나물을 빼놓을 수 없다. 우리만 먹는다는 콩나물에는 콩이 발아하면서 생성된 비타민 C가 함유되어 있고, 햇볕에 말린 무말랭이는 칼슘 흡수율이 높다. 나물은 재배한 것보다 풀처럼 절로 나는 것이 많다. 냉이, 씀바귀, 달래, 수영, 광대나물, 쑥 등은 시면서 쓴 것이 대부분이라 그 자체가 약이다. 풀이나 다름없는 명아주나 비름은 어떠한가? 명아주는 시금치와 같은 과로 나물로 해 먹어도 맛있고 국에 넣어 끓여 먹어도 맛있다. 비름나물은 말할 필요도 없다. 아는 사람은 다 알기 때문에. 지천에 널린 질경이는 또 어떠한가? 이런 풀들은 자연의 본성이 그대로 살아 있어 작물보다 더 약효가 뛰어나다.

 이런 음식들이 약이 되기 위해선 원재료의 종자가 제대로 된 것이어야 한다. 생명의 본질은 자기를 닮은 생명을 낳는 것에 있는데, 자기를 닮지 않은 생명을 낳거나 전혀 생명을 낳지도 못하는 것은 약이 될 수는 없다. 따라서 종묘상에서 파는 일대 잡종(F1)의 종자는 제대로 된 종자가 아니다. 더 무서운 것은 유전자를 조작한 종자다. 이는 종의 경계를 넘어 마구잡이로 종자를 섞은 것이다. 예컨대 냉해에 잘 견디도록 유전자 조작한 딸기에는 추운 물에 사는 넙치의 유전자가 들어 있다. 참 대단하다. 신도 못하는 일을 해 내다니 말이다. 유전자 조작 품종으로 만든 음식은 결코 약이 될 수 없는 법이다. 독이 되면 됐지.…

 토종이 약이 되는 이유는 조상 대대로 우리 땅에서 자연의 온갖 기운을 받고 시련과 고난을 겪으면서 진화해 왔기 때문이다. 약이 되는 이유가 단순히 무슨 영양소가 많고 무슨 약 성분이 많아서가 아니다. 그런 영양소와 성분은 일대 잡종 종자에도 있고 터미네이터 종자, 유전자 조작 종자에도 얼마든지 있다. 부분을 추출하여 쪼갠 성분이 중요한 것이 아니라 그 종자의 온전한 전체와 역사가 중요한 것이다. 말하자면 부분을 먹는 게 아니라 전체를 온전히 먹을 때, 더 나아가 그 종자의 진화 역사까지도 제대로 섭취할 때 약이 되는 게 아닐까? 부분으로서 어떤 좋은 성분은 있을지라도 다른 부분에는 독이 되는 성분이 있을 수 있다. 또한 어떤 환경에서 어떤 농법으로 지었는가에 따라 전체적인 조화가 달라질 수 있다. 예컨대 수수에 칼슘이 많다고 해서 칼슘만 잔뜩 들어 있는 신품종 수수를 만들었다 치자. 그게 약이 될까?

토종은 병해충에 강하다. 그러나 강하다는 말은 병해충의 공격을 다 막아 낸다는 뜻은 아니다. 병에 걸리지만 점차로 내성을 키워 간다는 말이다. 다양한 병에 걸리기는 하지만 심하게 걸리지 않는 것을 수평 저항성이라 하는데, 토종이 약이 되는 큰 이유가 될 것이다. 반면 특정 병에 강하게 육종한 일대 잡종들은 수직 저항성이 강하다고 하는데, 그 병에는 강할지 모르지만 다른 병들에는 아주 약한 모습을 보인다. 말하자면 자가 치유력이 없다. 농약이 필요한 것은 이 때문이다. 그러니 일대 잡종은 약이 될 수가 없다.

토종이 약이 되는 이유에는 '비만' 작물이 아니라는 점이 있다. 사실 지금 우리가 먹는 작물들은 대부분 일종의 비만에 걸린 것들이다. 비만이라 함은 영양 과다 병인데 작물에게 이 병은 질소 과잉 병이다.

질소질 거름은 작물의 몸체를 키워 주는 핵심 영양이다. 일대 잡종은 이 거름을 아주 잘 먹는다. 그러니까 몸체를 매우 크게 만들 수 있다. 예를 들어 고추는 거름을 많이 주면 사람 키보다 더 크게 할 수 있다. 2006년 일본 도시농업 견학을 갔을 때 도쿄 지하농원에서 본 토마토가 아직도 눈에 선하다. 큰 방 한가운데 토마토 두 그루가 심어져 있는데 방 천장을 다 덮고 있었다. 마치 등나무 그늘처럼 퍼져 있었다. 양액 재배를 통해 계속 액비를 주니 주는 대로 다 먹으면서 몸체를 키운 것이다.

그런데 토종 고추는 같은 거름을 주어도 클 만큼만 큰다. 열매란 열매는 다 매달고 있는 사과나무나 배나무와는 달리 자기가 매달고 있을 능력 외에는 스스로 떨어뜨리는 감나무와 비슷하다. 감당할 만큼만 크는 것이다. 야생의 도토리나무들이 해갈이를 하는 것과 비슷한 원리다.

질소질 거름을 과잉 시비하면 반드시 병이 온다. 세균도 질소질을 좋아하고, 질소질을 많이 먹은 작물의 몸체는 양분 과다로 조직이 약해져 벌레도 많이 낀다. 그러니 농약을 쳐야 한다. 이렇게 키운 게 어떻게 약이 되겠는가?

토종을 더욱 약이 되게 키우려면 되도록 직파를 해야 한다. 직파한 것은 모종한 것에 비해 수량도 적고 몸체도 덜 자란다. 직파한 것은 직근이 살아 있어 자기 몸을 버틸 만큼만 키운다. 모종한 것은 직근이 잘려 쓰러지지 말라고 지주를 세워 주고 끈을 띄워 주어야 한다. 그러면 거기에 의존해 몸을 더 키운다. 잘린 직근 대신에 얕은뿌리淺根가 발달해 거름을 더 잘 빨아먹으니 더 잘 큰다. 그래서 몸도 크고 수량도 많다.

　토종 고추를 직파도 하고 모종도 해 봤는데, 역시 모종한 것이 컸다. 물론 직파한 것에 웃거름을 주지 않았다. 쓰러질까 봐. 장마가 지나자 모종한 것에는 일부 탄저병이 왔는데 직파한 고추는 건강했다. 작은 고추가 맵다는 말 그대로다. 그래서 모자라는 수량 대신에 밀식密植을 하면 어떨까 생각해 보았다. 어쨌든 예년 같으면 액비와 목초액을 네다섯 번은 살포했을 텐데 모종한 고추든 직파한 고추든 뿌려 준 게 하나도 없었다. 일대 잡종 고추는 장마가 지나면 잎의 녹색기가 엷어지거나 습진 걸린 것처럼 약한 모습을 보였지만 토종 고추들은 색깔이나 기세에 별 차이가 없었다.

　아무리 배가 고파도 아무거나 먹을 수는 없는 일이다. 또 아무리 건강에 좋고 영양이 풍부하다 해서 무조건 먹을 일도 아니다. '내 몸은 내가 먹은 음식이다'는 말처럼 어떤 음식을 먹느냐에 따라 내 몸이 달라진다는 사실을 염두에 두자. 내가 먹은 음식이 자연이지 않으면 내 몸도 자연일 수 없다. 내 몸이 자연이지 않음에 만병이 깃든다. 내가 먹은 음식이 자연이라면 그것은 곧 약이다. 약은 특별한 게 아니다. 내 몸과 자연의 균형을 잘 맞추어 가는 것이면 그게 약 아닐까?

토종 종자와 약식동원藥食同原　*63*

III

농법

토종 농법

 토종 종자의 가장 큰 특징은 뛰어난 환경 적응성이다. 오랜 세월 한 지역에서 농부의 손에 의해 대대로 심어져 오면서 그 지역 환경에 가장 적합한 적응력을 갖춰 왔다는 뜻이다. 이른바 적자생존의 법칙이라고도 할 수 있다.

 그런데 토종 취재를 다니면서 이해가 가지 않았던 것은 웃자라 잘 쓰러지는 토종 벼였다. 토종 벼는 대개 유별나게 키가 크다. 보통 벼가 무릎을 약간 넘는 키라면, 토종 벼는 허리 이상으로 자라는 게 많다. 그래서 잘 쓰러진다. 쓰러지지 않게 하려면 키가 덜 크게 해야 하는데, 논에 찬물을 대어 논물을 차게 했는데도 키가 크고 거름을 하나도 주질 않아도 키가 커서 결국은 쓰러진다. 이게 무슨 뛰어난 환경 적응력인가? 이해할 수 없었다.

 그러다 어느 해 여름 전남 장흥에 가서 토종 농사를 짓는 이영동 씨를 만나고 단번에 의문이 풀렸다.

 "그래서 토종은 토종 농법으로 농사지어야 하는 겁니다."

"?"

"지금 전국의 농경지, 특히 논 같은 경우는 땅속 바닥이 다 굳어 버렸어요. 오랜 세월 동안 기계로 논을 갈았기 때문이죠. 눌려서 다져지기도 했고 흙을 곱게 로터리를 치니까 더 다져진 것이죠."

무슨 말이냐 하면, 15~20센티미터 깊이의 흙바닥이 딱딱하게 굳어 버렸기 때문에 벼가 곧은뿌리(직근)를 내리지 못하게 되고 그리하여 지상부를 지탱하지 못하니 쓰러진다는 것이다. 그렇다면 토종은 왜 키가 그렇게 큰 것인가?

"토종은 풀과 싸워 이기기 위해 일단 몸체부터 키우고 봅니다. 큰 몸체로 주변을 다 장악하고 나서 꽃을 피우고 열매를 맺는 것이죠."

대표적인 것이 조선호박이다. 조선호박은 얼마나 자라는 힘이 좋은지 풀보다 무섭다. 다 자라기도 전에 마디마다 꽃을 피우고 열매를 맺는 육종된 F1 품종과는 현격히 다르다. 육종된 신품종은 제초제를 써야 한다. 풀에 대한 경쟁력이 없기 때문이다. 게다가 환경 적응성이 떨어져 농약도 많이 쳐야 한다.

어쨌든 그래서 이영동 씨에 따르면 로터리 중심의 경운을 그만두고 쟁기질 위주의 경운으로 돌아가야 한다는 것이다. 말하자면 토종은 토종 경운을 해서 심어야 한다는 말이다. 딱딱해진 땅속을 쟁기로 깊이 갈아엎어 풀어 주기만 하고 로터리는 치더라도 깊지 않고 곱지 않게 표토만 치는 정도로 그쳐야 한다. 옛날 써레질을 염두에 두면 될 것 같다.

 토종 농법의 가장 첫 번째 작업인 토종 경운법은 이렇게 해서 배우게 되었다. 좀 더 설명한다면 로터리 작업의 큰 피해는 흙의 떼알 구조를 파괴한다는 점이다. 홑알갱이의 흙이 떼로 뭉쳐진 것이 떼알의 흙이다. 떼알의 흙은 숨을 쉬는 흙이고 저수지 역할을 하는 흙이다. 핵심은 떼알 구조가 갖고 있는 많은 틈새(공극)들이다.

 두 번째 토종 농법의 핵심은 곧뿌림 곧 직파다. 옛날에는 비닐하우스 같은 육묘장을 만들 수 있는 기술이 발달하지 않아 대부분의 작물을 곧뿌림했다. 거의 유일하다 할 정도로 벼 정도만 모종을 키워 옮겨 심었다. 모내기 곧 이앙법의 개발로 벼의 생산량이 많이 늘었다. 확실히 직파한 것보다 모종을 키워서 옮겨 심으면 수확량이 많다.

 모종을 키워 옮긴 작물이 더 수량이 많은 것에는 몇 가지 이유가 있다. 첫 번째 이유는 육묘장에서 모종을 키우면 작물의 수명을 더 늘릴 수 있기 때문이다. 늘어난 수명만큼 작물은 열매를 더 많이 단다. 고추가 대표적이다. 추운 2월에 심으면 생육 기간을 두 달 반가량 늘릴 수 있다. 두 번째 이유는 모종을 낼 때 뿌리 중에 곧은뿌리가 다치면서 얕은뿌리(천근)가 발달하기 때문이다. 심근성 작물은 곧은뿌리가 다치지 않아야 하지만, 천근성 작물은 곧은뿌리가 다치거나 잘릴수록 수량에 도움이 된다. 잔뿌리가 발달해 거름을 더욱 활발히 흡수하기 때문이다. 그 밖의 장점으로는 풀을 매고 나서 옮겨 심으므로 제초에 유리하다는 점, 콩 같은 경우는 직파하면 새가 파먹는 피해를 피할 수 있다는 점 등이 있다.

그럼에도 지금 다시 직파를 거론하고자 하는 것은 직파의 강점이 여전히 유효하기 때문이다. 곧뿌림(직파)을 하면 직근이 잘리지 않는다. 말 그대로 곧게 뿌리를 내린다. 심근성 작물의 재배에서 직파는 절대적이다. 무나 당근이 대표적이다. 밭벼, 보리, 밀, 가지 등도 직파가 좋다. 그러나 천근성 작물이라 해도 곧은뿌리가 잘리지 않는 게 좋다고 나는 생각한다. 뿌리가 다치지 않을수록 작물은 건강하다. 병해충에 강하다. 또한 쓰러짐(도복) 현상에 강하다. 곧은뿌리가 지주 역할을 하고 또 기형적으로 지상부를 키우지 않고 지하부의 뿌리가 견딜 만큼 지상부를 키우기 때문이다.

마의태자가 금강산으로 가는 길에 짚고 있던 지팡이를 땅에 꽂은 데서 유래했다는 용문산 은행나무 전설이 허구인 것은 바로 이 곧은뿌리 때문이다. 사람이 짚고 다니던 지팡이가 간혹 뿌리를 내려 나무로 살아날 수는 있을지 모르지만 모종한 것처럼 이미 곧은뿌리가 잘린 것이라 늙은 거목이 될 수는 없다는 말이다. 말하자면 식물은 씨가 뿌리를 내린 자리에서 옮겨지지 않고 싹도 내고 열매도 맺고 해야 건강하게 자랄 수 있다.

그렇다면 적은 수확량과 제초의 어려움을 어떻게 해결할 것인가가 문제가 된다. 이에 대해서는 다음 기회로 미룰 수밖에 없을 것 같다.

세 번째 토종 농법의 핵심은 거름이다. 옛날엔 거름을 두엄이라 했다. 두엄이 뭔가? 갖은 마른풀과 볏짚 등 농사 부산물과 낙엽·재 등을 똥과 오줌으로 버무려 삭힌 것이다. 가축우리에 볏짚이나 마른풀을 깔아 주면 동물이 그 위에 똥·오줌을 싸고 발로 밟고 다니면서 절로 발효가 되는 것이 두엄이다. 그걸 긁어모아 쌓아 두면 퇴구비堆廏肥가 된다.

이런 퇴구비는 똥·오줌이 들어갔다 해도 주성분이 풀인지라 거의 녹비綠肥 또는 퇴비나 다름없다. 이론적으로 말하면 탄소질 거름이다. 게다가 모내기하기 전에 갈잎을 뜯어다 논물에 뿌려 거름을 했다. 논 거름은 이것으로 끝이다. 전혀 질소질 거름이 들어가질 않았다. 김치·된장·밥이 주식이라 사람의 똥에도 탄소질이 많았다.

이렇게 거름을 하면 작물에 병이 안 든다. 시골 어르신들을 만나 물어보면 답이 한결같다.

"고추에 탄저병이 생기면 옛날엔 어떻게 했어요?"

"탄저병? 그런 거 모르고 농사졌지. 그런 거 없었어."

똥거름은 많이 주면 작물이 타 죽지만 풀거름은 아무리 많이 해도 타 죽는 법이 없다. 작물이 강하게 큰다. 작물에게 똥거름은 고기 음식이고 풀거름은 채소 음식이다. 요즘 고기를 너무 많이 먹어 각종 성인병이 많은 것과 비슷하다.

그렇지만 풀거름만 주면 작물이 잘 자라지 못한다. 영양 결핍 현상이 생길 수 있다. 정확히 말하면 질소질 결핍이다. 이론적으로는 탄소질 대 질소질의 비율 곧 탄질비C/N ratio는 20~30이 적당하다. 그러나 요즘은 이 비율을 훨씬 초과하여 똥거름을 많이 준다. 고기 많이 먹으면 병이 많은 것처럼 똥을 많이 먹으면 작물도 병이 많다. 친환경 유기농업을 잘하려면 이런 풀거름 위주의 시비법, 20~30의 탄질비를 잘 지키는 것이 중요하다.

마지막으로 토종 농법의 핵심은 윤작과 혼작이다. 돌려짓기, 섞어짓기, 사이짓기가 그것이다. 조상들이 윤작과 혼작을 한 것은 땅이 좁아서였을 것이라 생각한다. 땅의 효율성을 높이기 위해서. 그러나 그런 이유만은 아니었을 것이다. 윤작과 혼작은 강력한 병해충 예방책이다. 게다가 사이짓기는 제초에도 뛰어난 효과를 발휘한다. 그리고 윤작은 한마디로 흙을 전혀 수탈하지 않는, 흙을 살리고 자연과 공생하는 전형적인 생태적 농법이라 할 만하다. 이와 달리 현대 농법에서 주로 하는 연작을 통한 단일 작물의 대량 생산 방식은 병해충을 불러들이는 전형적인 반생태적 농법이다.

캐나다의 한 유기농 농장을 방문했던 사람에게 들으니 1미터 폭의 두둑으로 만든 밭이 끝이 없었다고 한다. 끝이 안 보이는 한 두둑에는 배추를 심고 옆 두둑에는 무를 심고 그 옆 두둑은 휴경을 하고 있는데, 이를 매년 돌려가며 짓는다고 한다. 곧 휴경했던 두둑에는 배추를 심고 무를 재배했던 두둑은 휴경을 하는 식이다. 밭을 길게 만들지 않고

정방형으로 만들었다면 단작이 되었을 텐데, 넓은 땅의 환경을 잘 이용한 윤작법이라는 생각이 들었다.

땅이 좁고 굴곡이 많은 우리 땅에 어떻게 그런 방식을 적용하겠는가 하고 의문을 품을 만하지만 우리 나름의 조건에 맞는 윤작 체계를 만들어 내야 한다. 우리 조상들의 농법을 잘 계승하고 개선하면 얼마든지 현대화된 작부 방식을 만들어 낼 것이라 생각한다.

현재 친환경 유기 농업은 시작부터 한계를 안고 있다. 지금의 종자들은 씨앗 자체가 소독약으로 코팅되어 있는데다 농약이나 화학 비료를 쓰지 않으면 재배하기가 어려운 씨앗들이기 때문이다. 환경 적응력이 뛰어난 토종 종자야말로 친환경 유기 농업에 적합한 씨앗이다. 적은 수확량과 낮은 상품성이라는 숙제는 남아 있지만 말이다.

그런데 친환경 유기 농업도 자재 중심의 유기 농업이라면 이 또한 큰 문제를 안게 된다. 뛰어난 자재가 중요한 것이 아니라 흙을 살리고 환경을 살려서 작물이 스스로 건강하게 자랄 수 있도록 하는 근본을 더 챙겨야 한다. 나는 그 근본을 토종 농법에서 찾을 수 있다고 생각한다.

벼와 곡식 중심의 농업

　전통 농업이라고 하면 비과학적·비효율적이며 방법에서는 주술적이고 미신적인 기술들을 떠올리곤 한다. 또한 전통 농업에 대한 여러 이론과 방법이 나름대로 과학적 근거들을 갖는 것으로 밝혀지기도 했으나 대부분은 여전히 미신적인 것으로 남아 있기도 하다.* 그러나 전통 농업이 과학적으로 합당한지를 따지는 것도 중요하지만 전체적으로 전통 농업의 특징과 성격을 개관해서 그로부터 살려야 할 방향들을 잡아내는 게 우선 중요하다고 생각한다. 그런 점에서 전통 농업의 특징들을 살펴보고자 한다.

　나는 전통 농업을 한마디로 '우리 토양과 기후에 가장 적합한 농사'라고 정의한다. 가장 적합하다는 근거는 몇 천 년, 몇 백 년 동안 우리 자연 환경에 적응해 왔고 그래서 적절하게 진화해 온 농사이자 농법

---

* 예컨대 『산림경제』 「치농」 편 머리 부분에서 "살구가 많이 열리면 대맥(大麥)이 벌레 먹지 않고, 복숭아가 많이 열리면 소맥이 벌레 먹지 않으며, 홰나무에 벌레가 없으면 팥이 잘되고, 오얏나무가 벌레 먹지 않으면 녹두의 수확이 많다"고 했는데, 그 이유를 전혀 설명하고 있지 않아 요즘의 상식으로는 잘 다가오지 않는다.

이기 때문이다. 우리 기후의 특징은 몬순기후다. 여름 장마철에 엄청난 비가 쏟아지는 기후인 것이다. 이런 장맛비를 맞으며 잘되는 작물은 대개 곡식들뿐이다. 벼를 비롯해 수수, 조, 기장, 콩 등이다.

그 외의 채소들은 장맛비를 견딜 재간이 없다. 봄채소들은 장마 전에 일찍 꽃을 피워 씨를 맺고는 생애를 다 마친다. 한여름 고온다습한 날씨를 피해 채소 농사를 할 수 있는 곳은 고랭지뿐이다. 한낮의 기온이 30도를 밑돌고 경사진 곳이라 배수도 잘되는 강원도 산악 지대가 대표적이다.

여름을 거치는 열매채소의 재배는 참으로 어렵다. 고추, 오이, 호박, 가지 등등. 이 중 고추는 참으로 키우기 어려운 작물이다. 장맛비를 맞으면 영락없이 탄저병이 급습한다. 연작을 하거나 습한 밭에는 역병이 퍼지기도 한다. 나는 고추를 매년 돌려 심기 때문에 역병은 피할 수 있지만 탄저병은 어김없이 찾아온다. 탄저병은 자칫하면 고추를 전멸시키기도 한다. 노균병도 오이를 전멸시키기에 충분하다.

그렇지만 곡식류는 한 가지 병에 전멸당하는 경우가 드물다. 태풍이 와서 벼들이 쓰러지기도 하지만 힘들여 일으켜 세우면 조금이라도 살릴 수가 있다. 도열병이나 벼멸구가 벼에게 치명적이라 하지만 고추나 오이의 병충해에 비하면 훨씬 미약하다.

결론적으로 말하면 우리 환경에 잘 맞지 않는 채소 작물들을 재배하다 보니 전국에 비닐하우스가 넘쳐 난다. 이런 비닐하우스는 전국의 산천을 볼썽사납게 만들고 있지만 더 큰 문제는 농사의 생산비 부담을 늘린다는 점이다. 말하자면 고투입 농사를 하게 만드는 것이다. 우리 자연 환경에 잘 맞지 않으니 인위적으로 환경을 만들어 주기 위해 비닐하우스를 치고 그것도 모자라 각종 농자재를 투입해야 한다. 관행농에서는 농약을 잔뜩 쳐대고 유기농에서는 각종 유기농 자재를 투입해야 한다.

우리 환경에 잘 맞지 않는 것 중에는 과수와 가축도 있다. 너무 단맛 위주로 육종을 많이 해서 과일은 유기 재배가 보통 힘든 게 아니다. 무농약도 힘들어 저농약 정도가 친환경 농산물로 인증되고 있는 실정이다. 목초가 거의 형성될 수 없는 우리 자연 환경에서 목축은 절대 불가능하니 좁은 사육장에서 사료로밖에는 가축을 키울 수가 없다. 그런데 이런 사육장 시설에서는 가축이 건강하게 클 수가 없어 늘 전염병에 노출되어 있다. 항생제·예방제·호르몬제를 늘 주입해야 하는 것이 당연한 현실일 수밖에 없다. 구제역이니 조류독감이니 돼지열병이니 하는 것은 피할 수 없는 인재라 봐야지 철새와 멧돼지를 탓할 일이 아니다.

고봉밥으로 먹던 우리의 밥상은 가난한 밥상의 상징이 아니다. 곡식이 잘되어 곡식밥으로 주된 영양을 보충하고 나머지 반찬은 밥이 소화 잘되게 해 주는 역할과 보조적인 영양 공급원이었다. 우리처럼 밥상에 주식과 부식이 분명히 나눠진 경우도 드물다. 전통 농업도 마찬가지였다. 논과 곡식 중심의 농사, 채소는 겨우 채마밭 정도에서 길러 먹었다. 이는 당연히 벼와 곡식은 잘되지만 채소는 잘되지 않는 우리 기후와 환경에 맞춰진 농사 방식이며 밥상의 형태였다.

그런데 근대화 이후 서양식 밥상과 서양식 농업이 우리를 지배하면서 농사가 어려워지고 밥상의 건강이 위협받게 되었다. 육식이 늘면서 생채식도 따라 늘어 우리 환경에 맞지 않는 농사가 판을 치게 되었다. 육식의 보조식인 서양식 채소는 샐러드채소, 고기 싸먹는 쌈채소가 대부분이다. 그런데 서양 채소는 더욱더 우리 환경에 맞지 않는다. 당연히 비닐하우스 재배가 늘 수밖에 없고 화학 약재가 늘 수밖에 없다. 논보다 밭이 늘어나니 제초를 감당하지 못해 비닐 멀칭이 늘고 제초제가 뿌려질 수밖에 없다. 그에 따라 우리 밥상에서 고봉밥이 사라지고 공깃밥에 고기와 생채식이 늘어났다.

옛날엔 우리 농경지에서 논과 곡식밭이 대부분을 차지하고 채소밭은 집 앞의 채마밭이 전부였다. 이것이 우리 환경에 맞는 전형적인 농사 방식이었기 때문이다.

논이 많았던 이유 중에는 아마도 제초 문제도 컸을 것이라 생각한다. 화강암이 풍화되어 형성된 우리의 토양은 토심이 얕고 아주 강한 산성을 띠고 있다. 비만 쏟아지면 흙이 쉽게 딱딱해져서 작물은 자라기 힘든 데 반해 생명력이 강한 풀은 더욱 기승을 부린다. 화산재가 쌓여 만들어진 일본의 토양이나 빙하가 녹으면서 퇴적한 유럽의 땅은 토심도 깊고 알칼리성에 가까워 흙이 부드럽다. 2006년 일본 농촌에 가서 의외로 제초용 멀칭 비닐이 별로 깔리지 않아 신기해했던 기억이 선명하다.

그런 우리 토양의 특성을 반영해서 생긴 독특한 농기구가 우리나라에만 있다는 호미다. 좁은 농토에서 질기디 질긴 풀을 이기기 위해서는 바짝 다가가 쪼그려 앉아 뾰족한 호미 끝으로 짓이겨 뽑아내야만 했을 것이다. 더불어 제초 전략의 하나로 발전한 것이 나는 논의 확대라고 생각한다. 논에 물을 대면 쉽게 풀을 이길 수 있다. 그러니까 논에 물을 대는 것은 벼에게 물 먹이려는 것이 아니라 풀이 나지 못하게 물로 흙을 덮기 위한 것이다. 호미로 흙을 쪼아대지 않아도 쉽게 제초를 할 수 있다.

논둑에 콩을 심는 것도 좋은 전략의 하나였다. 어차피 빈 땅인 논둑은 통풍도 좋고 수분 공급이 유리해 콩 재배에 아주 적합한 땅이었다. 논에서 벼를 거두고는 보리나 밀을 이모작으로 심었던 것도 우리만의 독특한 전략이었다. 날씨가 따뜻하면 벼를 이모작으로 했겠지만 곧 추운 겨울이 찾아오기 때문에 그에 맞는 겨울 곡식으로는 보리와 밀이 적당했다.

곡식 농사의 의미와 특징들

곡식이 진정한 건강 음식

곡식은 씨를 먹기 때문에 진정한 음식이다. 고기는 남의 살을 죽여서 뺏어 먹는 살생의 음식이다. 잎사귀를 먹는 채소도 남의 것을 뺏어 먹는 음식이다. 과일도 씨앗이 발아하는 데 쓸 양분을 뺏어 먹기는 마찬가지다. 그러나 씨를 먹는 곡식은 뺏어 먹는 게 아니다. 오히려 곡식을 도와주는 일이다.

곡식을 수확한 후 가장 좋은 씨앗과 두 번째로 좋은 씨앗 중 어느 것을 먹는 게 좋을까? 당연히 가장 좋은 것은 종자로 써야 하고 두 번째로 좋은 것을 먹어야 한다. 가장 좋은 것을 먹으면 종자는 계속 퇴화하고 결국엔 그 종자는 없어지고 만다. 두 번째 좋은 것을 먹으면 계속 먹을거리는 좋아지기만 한다. 이렇듯 곡식을 먹는 것은 곡식을 살려 주는 일이다. 이른바 공생의 최첨단이고 곡식과 인간이 공진화하는 길이다.

곡식의 씨앗은 전체 식품whole food이다. 과일의 씨앗엔 독이 있지만 곡식의 씨앗에는 대체로 독이 없다. 영양이 편중되지 않고 고르게 존재하는 게 씨다. 그런데 백미는 씨가 아니다. 땅에 떨어졌을 때 싹이 나야 씨다. 그러니까 백미는 거세된 씨다. 양분도 편중되어 있다. 탄수화물 덩어리에 불과하다. 이런 곡식을 오랫동안 계속 먹으면 당뇨에 고혈압에 암까지 걸릴 위험이 있다. 현미처럼 땅에 떨어져서 싹이 나는 통곡식, 그러니까 껍질까지 있는 곡식을 먹어야 한다.

곡식은 땅을 살려 주는 순환 작물

채소는 땅으로 돌아가는 게 별로 없다. 배추나 상추와 같이 잎사귀를 먹는 채소는 수분이 많아 다듬고 남은 것에서 땅의 양분으로 돌아갈 게 없다. 그러나 곡식은 이삭만 먹고 볏짚 등은 다시 땅으로 돌아간다. 채소는 물도 많이 소비하고 거름도 많이 먹는 다비성 작물이다. 그래서 채소는 땅을 망가뜨리고 물을 낭비한다. 반면 곡식은 채소에 비해 거름도 적게 먹거니와 물도 적게 먹고 땅을 덜 수탈한다. 특히 벼와 콩과 보리는 땅을 살려 주는 아주 고마운 곡식이다. 논에 물을 가두지만 벼가 먹는 것보다는 지하수 저장에 더 기여하고 장마철에는 쏟아지는 빗물을 가둬 둔다. 콩은 특히 거름도 만들어 주고 땅을 부슬부슬하게 해 준다.

곡식 농사는 종자와 자연을 지키는 지름길

종자를 먹으며 종자를 지키는 게 바로 곡식이다. 밥은 씨앗들을 먹는 것이니 한줌 덜어 내면 바로 땅에 뿌릴 씨앗인 것이다. 그러나 채소는 씨를 먹는 게 아니기 때문에 씨를 보기도 힘들다. 평생 배추김치를 먹어도 배추 씨앗이 어떻게 생겼는지 아는 사람이 몇이나 될까? 먹을 줄만 알지 먹은 만큼 배추에게 대가를 지불하는 게 없다. 고깃집 가서 그렇게 많은 고기를 그렇게 많은 상추로 싸 먹지만 상추 씨앗을 받아 본 사람은 눈을 씻고 봐도 찾을 수 없다.

앞서 말했듯이 곡식은 땅을 살려 준다. 그러나 땅을 살려 주는 것만이 아니라 지켜 주기도 하고 땅 위의 많은 환경도 지켜 준다. 대표적인 사실이 바로 장마철에 쏟아지는 폭우로부터 토양을 지켜 주고 산사태를 예방해 주며 물을 저장해 준다는 점이다.

장마철에 쏟아지는 폭우처럼 무서운 게 없다. 우리 농사에 가장 크게 영향을 주는 게 바로 장마철 폭우다. 쏟아지는 폭우에 농지의 많은 흙과 거름이 휩쓸려 내려간다. 시뻘건 흙물이 소용돌이치듯 흘러가는 강물은 흙과 양분이 떠내려가는 현장이다.

장마철 폭우는 산사태와 심각한 토양 유실을 초래하기도 한다. 임야를 개간할 때 너무 심하게 하면 산사태가 나거나 토사가 흘러내린다. 급하게 임야를 개간해 고추밭 천 평을 조성했던 한 친구는 밤새 쏟아진 300밀리미터의 장마철 폭우에 고추밭 전체가 스윽 하고 쓸려가는 걸 눈앞에서 지켜보아야 했단다. 다랑이 열두 논을 포클레인으로 한 배미로 만들었더니 장맛비에 무너져 버렸다는 이야기도 마찬가지다. 다랑논과 계단밭은 폭우로부터 논과 밭을 지키는 아주 훌륭한 농법이었다. 이를 등고선 농법 또는 테라스 농법이라 한다.

곡식은 장맛비를 좋아한다. 그래서 채소는 비닐하우스에서 키우지만 곡식은 비닐하우스에서 키우는 법도 없고 그럴 필요도 없다. 벼를 비닐하우스에서 키우는 것을 본 일이 있는가? 특히 벼는 하늘이 내려준 아주 특별한 곡식이다. 벼는 아무리 같은 자리에서 수천 년 수백 년 연작해 심어 먹어도 땅을 망가뜨리지 않는다. 단작·연작의 피해가 없는 게 바로 벼다. 조금 뒤에서 말하겠지만 벼와 달리 밀과 옥수수는 땅을 망가뜨리는 대표적인 곡식이다.

아무튼 벼가 자라는 논은 반드시 수평을 잡아야 하고 물을 담기 위해 둑을 쌓아야 한다. 이렇게 수평 잡고 둑을 쌓은 논은 우리의 토양과 국토를 지키는 훌륭한 파수꾼 역할을 한다. 평지의 논뿐만 아니라 다랑논과 계단밭이 우리를 지켜 준 것이다.

게다가 논은 가장 훌륭한 우리식 빗물 저장고다. 물을 대기 위해 논에 만들어 놓은 둠벙(웅덩이)도 마찬가지다. 엄청나게 쏟아지는 장맛비를 가두는 데에는 논과 둠벙만 한 게 없다. 특히 천수답일수록 장맛비를 가두는 효과가 크다. 이와 달리 지하수를 쓰고 댐과 저수지를 쓰는 논농사는 그리 좋은 게 아니다. 이는 자연 파괴라는 부정적인 결과를 가져온다. 지하수를 고갈시키고 댐과 저수지를 짓느라 주변 숲을 파괴한다. 그리고 요즘은 모를 일찍 내기 때문에 장맛비를 잘 이용하지 않는다. 오히려 장맛비가 귀찮다. 논이 갖는 자연 보존 효과와 담수 저장 효과는 반감되고 말았다.

자연을 지켜 주지 않는 곡식: 밀과 옥수수

밀은 연작 피해가 있는 곡식이다. 그래서 반드시 휴경해야 한다. 밀은 물을 싫어한다. 물이 있으면 강제로 빼내고 농사지어야 한다. 비가 거의 오지 않는 건조한 지역에 맞는 곡식이다. 그러면서도 반드시 휴경을 해야 한다. 휴경하는 땅에 가축을 풀어 거름을 제공해 주지만 쉽게 비옥해지지 않는다. 가축이 풀을 다 뜯어먹기 때문이다. 밀과 목축을 번갈아 하며 농사짓지만 오랜 세월이 지나면 결국 땅은 망가진다.

세계 4대 문명의 발상지인 나일 강, 유프라테스-티그리스 강, 인더스 강, 황허 유역은 모두 밀농사를 짓던 곳이다. 그 주변이 지금은 사막이 되고 만 것은 밀과 무관치 않을 듯하다. 특히 유프라테스-티그리스 강 주변이 사막이 된 것은 밀과 깊은 관련이 있다. 유속이 매우 느린 지역에는 늪지가 만들어진다. 그런데 늪지에서는 밀농사가 안 되니 물을 빼내는 수리 시설이 발달했을 것이다. 그렇게 오랜 세월 밀 농사를 짓다 사막이 되고 만 것이다. 차라리 여름엔 벼농사를 지어 늪지를 지키고 늪이 마르는 겨울엔 보리나 밀을 이모작 했더라면 사막화는 막을 수 있지 않았을까 상상을 해 본다.

옥수수는 연작을 해도 괜찮고 물을 가장 적게 먹는 곡식이지만 다비성 작물이라 토양 속의 미네랄을 엄청 빨아먹는다. 그래서 옥수수를 재배하면 땅이 굳는다. 토양을 부슬부슬하게 해 주는 양분들을 다 빨아먹었기 때문이다. 옥수수를 심고 그 주변에 콩을 심었던 우리 조상들의 지혜가 빛나는 대목이다. 옥수수는 단위면적당 가장 생산성이 높은 곡식인데다 가장 물을 적게 필요로 하는 곡식이다. 그래서 벼와 밀보다 적응 지역이 훨씬 넓다. 그러다 보니 더 많은 땅을 고갈시킨다.

그런데 옥수수는 단백질이 부족한 식량으로 특히 주식으로는 적합지 않다. 그래서인지 옥수수는 사료 작물, 기름과 당 종류를 만드는 가공 작물로 더 많이 쓰인다. 더욱이 요즘엔 바이오에탄올 만드는 재료로 각광받으며 재배 면적이 급격히 늘고 있는데다 에탄올 만들기 위한 발효 과정에 줄기와 잎사귀를 다 사용하는 바람에 땅으로 돌아

가는 유기 부산물도 빼앗아 버리니, 옥수수 재배에 따른 토양 수탈이 아주 심각하다.

때를 맞추는 농사

우리 조상들은 때를 아주 중요시했다. 음력을 기준으로 했지만 24절기라는 양력도 함께 사용했고, 나아가 간지력(60갑자력)까지 사용해 달력이 아주 복잡했다. 그래서 농사와 관련된 때에 대한 이야기가 아주 많다. 동지에 날이 추우면 이듬해 농사가 풍년이라든가, 입춘 일진을 살펴보면서 그해 풍흉을 점친다든가,* 곡식마다 파종하기 좋은 때를 다 정해 놓았다.

언뜻 보면 미신이고 비과학적이라 여겨진다. 하지만 잘 따져 보면 과학적 근거가 전혀 없는 것도 아니고 어떤 경우는 그 정확성에 적잖이 놀라기도 한다. 동지에 날씨가 추우면 병해충의 유충이나 알이 한파에 얼어 죽기 때문에 당연히 이듬해 농사에 도움이 된다. 동지만이 아니라 소한·대한에도 당연히 추워야 하며 입춘 지나 꽃샘추위도 꼭

---

* 예컨대 『산림경제』 「치농」 편에는 "입춘날 일진이 갑(甲)·을(乙)이면 풍년이 들고, 병(丙)·정(丁)이면 큰 가뭄을 만나게 되고, 무(戊)·기(己)이면 밭곡식이 손상되고, 경(庚)·신(辛)이면 사람들이 안정되지 못하고, 임(壬)·계(癸)이면 큰물이 내를 넘치게 된다"고 서술되어 있다.

찾아와야 병해충이 적다. 과학적 근거는 명확하지 않지만 입춘 일진을 보고 그해 날씨를 예측하는 것도 기상청 자료와 비교해 보고 놀라지 않을 수 없었다. 『임원경제지林園經濟志 위선지魏鮮志』를 보면 입춘에 60갑자 일진을 따져서 그해 날씨를 예측해 놓은 게 있는데, 혹시나 하고 같이 공부하던 후배가 기상청 자료와 비교해 봤더니 80퍼센트 정도의 정확도가 있었다.

그러나 나는 우리 조상들의 족집게 점쟁이 같은 초능력을 말하고자 하는 것이 아니다. 일일이 세밀하게 옳고 그름을 따지자는 게 아니라 전체적으로 때를 살펴가며 농사짓는 것의 필요성을 말하고자 함이다. 예를 들어, 장마는 언제 시작돼서 언제 끝나는지, 서리는 언제부터 내리고 언제 끝나는지, 영하의 날씨는 언제 찾아오고 영상의 날씨는 언제 찾아오는지 등 아주 중요하면서 전체적인 때의 흐름을 아는 것도 농사라는 것을 말하고자 함이다. 이 정도는 24절기력만 알아도 쉽게 알 수 있는 기초적인 때 이야기다. 여기에 덧붙여 음력과 간지력을 얹히면 아주 복잡하면서 역동적인 '때' 과학이 된다. 말하자면 시간의 학문이 되는 것이다.

입춘 무렵에 음력설이 있는데 설날이 입춘 다음에 오면 그해 봄은 늦게까지 춥거나 변덕이 심하다. 2007년은 설날이 2월 18일로, 입춘이 지나고도 한참 있어 설날이 찾아와 봄 꽃샘추위가 아주 길었다. 같은 해 경칩 3월 6일은 25년 만에 영하 6도까지 내려가기도 했다. 설날이 입춘 다음에 왔던 2018년에는 곡우(4월 20일) 무렵에 여름처럼 덥다가 곡우 다다음 날 비가 오더니 갑자기 서리가 내려 성급하게 모종을 옮겨 심은 사람들은 냉해를 입기도 했다.

또 윤달이 든 해에는 재배 일정을 평년과 달리해야 한다는 것도 때의 학문으로 알 수 있다. 2014년은 윤9월이 든 해였다. 음력 9월이 두 번이라는 뜻으로, 그만큼 가을이 긴 것이니 여름은 짧다. 실제로 2014년 여름은 일찍 끝났다. 그런데 가을이 길다고 겨울이 늦게 오는 것은 아니다. 오히려 일찍 온다고 보아야 한다. 동지가 음력 11월 1일로 이른바 애동지가 온다. 어떻게 보면 따뜻한 겨울이 일찍 온다고도 할 수 있지만 갑자기 기온이 뚝 떨어지기도 하는 변덕스런 겨울이 올 가능성이 많다.

아무튼 이런 날씨를 점치는 나무로 대표적인 것이 바로 무궁화다. 무궁화나무에서 꽃이 피면 100일 뒤에 된서리 내린다고 한다. 우리 마을 입구에 오래된 무궁화나무 한 그루가 있는데 진짜로 된서리를 잘 맞춘다. 이 나무는 7월 7일 꽃을 활짝 피웠다. 그리고 정확히 108일 뒤에 바로 옆의 고추밭에 된서리가 내렸다. 그런데 이 무궁화나무는 산 쪽의 우리 밭이 아니라 아래쪽 민가에 있는 나무인데 희한하게도 우리 밭의 무궁화보다 보름 일찍 꽃을 피웠다. 그리고 그 무궁화나무 옆의 고추밭에만 서리가 왔다. 정작 그날 더 추운 우리 밭에는 서리가 내리지 않았다. 참으로 희한한 일이 아닐 수 없었다. 그것을 우리 마을 어르신께 말씀드렸더니 원래 서리가 똑같이 오는 게 아니라 군데 군데 집집마다 다르게 오기도 한다고 하신다. 이게 무슨 말인가?

한번은 충북 괴산군에서 6개월 동안 토종 종자 수집을 다녔는데 강낭콩만 자그마치 30여 가지 넘게 발견되었다. 내 눈엔 다 똑같아 보이는데 우리를 이끈 안완식 박사님에게는 모두 다르게 보였던 모양이다. 그런데 한 마을에서 같은 콩이 두세 가지 나오기도 했다. 바로 같은 마을에서도 서리가 다른 날에 내릴 수 있어 그에 맞춰 콩 종자도 성격이 달라진 것이 아닐까 생각해 보았다. 농사에서 '때'라는 것은 보편적인 절기력 같은 달력을 알아야 하겠지만 결국 자기마다 자기 환경에 처한 자기만의 농사 달력을 만들어야 한다는 이야기가 된다.

요즘은 지구 온난화 때문에 예전 달력은 소용이 없어졌다고들 한다. 나는 그렇지 않다고 생각한다. 오히려 조상들의 달력을 알면 온난화의 심각성을 정확히 알 수 있는 기준이 생긴다. 이런 기준이 없으면 괜히 불안하기만 하고 어떻게 대응해야 할지 몰라 우왕좌왕한다. 때를 알면 자연의 이치와 힘을 활용할 수 있다. 때를 모르면 억지로 농사를 지어야 하기 때문에 에너지와 비용과 노동이 더 든다. 예컨대 옛날엔 콩을 6월에 심었다. 심지어는 장마 직전에 심기도 하고 때로는 장마 중에 심기도 했단다. 이렇게 다른 시기에 심는 가장 중요한 이유는 발아를 위한 수분 공급 때문이다. 그런데 그것만 있는 게 아니다.

요즘엔 콩을 대부분 5월에 심는다. 조금이라도 일찍 심어 생육을 좋게 해 수확량을 많게 하려는 것이다. 이때 심으면 새의 피해가 크다. 새 피해를 막기 위해 모종을 키워 심기도 하고 면적이 넓으면 그물망을 씌우거나 총이나 돌을 던져 내쫓는다든가 한다. 일찍 심으면 콩이 웃자라 쓰러질 우려가 크다. 그래서 일찍 심어 무릎만큼 자란 콩대를 사정없이 반 이상 쳐내 버린다. 많이 심었으면 예초기로 쳐낸다. 그렇게 웃자람을 막고 적당히 크기로 옆으로 가지를 많이 내어 콩이 많이 달리게 한다. 그런데 5월에는 대개 봄 가뭄이 찾아온다. 가물면 싹이 잘 나지 않으니 요즘은 스프링클러를 돌려 물을 뿌려 준다. 에너지와 비용이 추가로 든다.

여기서 새들의 산란기이자 가뭄이 자주 드는 5월에 심느라 에너지와 기계를 쓰며 짓는 농사가 과연 지속 가능한 방법일까 하는 의문이 든다. 수확량은 적더라도 곧 다가오는 장마 때를 이용해 늦게 심으면 순을 지르지 않아도 되고 기계와 에너지를 쓰지 않아도 되니 지속 가능한 농사가 될 수 있을 것이다. 또한 6월에 심게 되면 전 작물로 감자나 마늘·양파를 심을 수 있으니 땅 효율도 높일 수 있는 이점이 있다.

그런데 요즘은 새들의 생태 환경도 많이 달라졌다. 새는 원래 잡식성이어서 곡식뿐만 아니라 벌레도 잘 잡아먹는다. 문제는 농경지가 농약에 오염되어 곡식이든 벌레든 새들이 마음 놓고 먹을 게 별로 없어졌다는 것이다. 게다가 산에 있는 숲은 간벌을 하지 않아 햇빛도 덜 들고 부엽토와 낙엽이 많이 쌓여 있으니, 산나물도 많지 않고 새들의 먹을거리도 예전 같지 않다. 그러다 보니 유기농을 하는 곳으로 새들이 몰려든다. 천적도 없어 새들에게 유기농 농경지는 낙원이나 다름없다. 꼭 산란기가 아니라도 새들이 유기농 농경지에 몰려드는 이유다.

단작 농사의 패러독스

처음에는 농사가 자연과 숲을 파괴한다고 생각했지만 농사를 짓고부터는 단작單作, monoculture 농사가 자연과 숲을 파괴하는 주범임을 분명히 알 수 있었다. 단작 농사를 화려하게 부활시킨 자본주의는 그래서 농사와 병립할 수 없다는 것을 확신하게 되었다. 조금 과장하면 자본주의는 인류 역사의 위대한 진보가 아니라 있어서는 안 되는 불행한 이데올로기라는 생각에까지 이르렀다.

단작 농사의 역사는 인류 문명의 역사만큼 오래되었다. 농업 혁명이라 할 만한 신석기 혁명 이후부터 단작 농사는 꾸준히 행해져 왔다. 그러나 모든 농업 혁명이 곧 단작 농사를 일으킨 것은 아니었다. 수렵·채집 경제에서 곡류를 재배하는 농업 사회로의 이행은 인류의 크나큰 진보였지만, 단작은 불행한 인류 역사의 시작이었음에 틀림없다. 그렇다면 단작 농사가 무엇이기에 이렇게까지 황당할 만한 기염을 토해야 할까?

단작 농사는 말 그대로 한 가지 작물을 대규모로 재배하는 농사를 말한다. 중국, 미국, 러시아, 유럽 등 농사 강국들에서 흔히 볼 수 있는 농촌 경관을 상상하면 이해가 갈 것이다. 가도 가도 끝이 없는 옥수수밭, 밀밭, 올리브밭, 목화밭, 포도밭 경관이 그것이다. 그만한 규모는 아니더라도 우리나라에서도 흔히 볼 수 있는 차밭, 배추밭, 감자밭 등도 있다. 벼도 대표적인 우리의 단작 농사인데, 약간 의미가 달라 별도로 살펴보기로 하자.

우선 단작 농사는 토양을 파괴한다. 같은 작물 한 가지만을 심기 때문에 토양에 내리는 뿌리의 깊이가 같다. 따라서 토양의 물리적 구조가 단순해진다. 작물은 생명 활동을 하면서 분비물을 배출하는데 한 가지만을 재배하기 때문에 같은 종류의 분비물을 토양에 쏟아낸다. 식물의 분비물은 수소이온 H^+을 지닌 물질로 토양 내 무기염류와 결합하여 토양의 염류 농도를 높인다. 또한 작물이 흡수하는 토양 내 미량요소의 균형이 깨진다. 한 종류의 미량요소를 섭취하기 때문이다. 그리고 식물의 분비물은 미생물의 먹이이기도 한데 한 종류만 배출하니 미생물 종류 또한 단순해진다. 결과적으로 토양 내 생물학적 구조도 단순해진다. 결국 단작 농사를 오랜 세월 동안 지으면 토양은 고갈되고 농사도 되지 않는 사막과 같은 땅이 되고 만다.

다음으로 단작 농사는 숲과 자연을 파괴한다. 규모를 늘리는 게 단작 농사의 속성이다. 규모를 늘릴수록 수확량이 많아지고 효율이 높아진다. 경제 논리이자 상업 논리다. 처음 신석기 혁명 이후 시작된 단작 농사는 지속적으로 그 규모를 넓혀 왔다. 자본주의는 단작 농사의 규모 확대를 가속화하여 지구의 허파라는 아마존 숲을 파괴했으며, 사회주의 소련도 대규모 목화 농사로 아랄 해의 물을 말려 버리고 말았다.

또한 단작 농사는 자연의 원리를 거역하는 화학적 살충제·살균제·제초제의 개발로 이어졌고 거름 대신에 화학 비료를 만들게 했으며 공동체 노동을 퇴출시킨 기계 농사를 발명케 한 원동력이었다. 토지는 넓지 않은데 토양의 침식이 심각했던 유럽에서 화학 비료가 만들어졌고, 광활한 토지에서 공동체 노동으로는 상업농을 발전시킬 수 없었던 미국에서 기계 농사가 발명되었다.

나아가 단작 농사는 씨앗을 사라지게 한다. 단작 농사의 규모가 커질수록 씨앗은 사라진다. 한 가지 작물만 심으니 당연하다. 돈이 된다 싶으면 바로 단작 농사가 시작되고 규모는 점점 커지며 돈이 되지 않는 재래종 종자는 퇴출되고 만다. 일제강점기만 해도 논에서 재배되고 밥상에 올라오던 볍씨가 1,450여 가지나 되었지만 지금은 50여 종밖에 되지 않으며 그것도 잡종 종자들뿐이다. 또한 우리나라는 콩의 원산지임에도 콩 수입국이 되고 말았다.

단작 농사로 인해 없어진 것 중 안타까운 것은 바로 공동체다. 단작 농사는 공동체를 필요로 하지 않는다. 단지 집단 노동과 기계 농사를 요구할 뿐이다. 고대에는 노예제에 의해 단작 농사가 유지되었고 서로마 제국의 붕괴 이후 중세 공동체가 살아났지만 산업혁명 후 다시 단작 농사의 복원으로 노예 노동이 부활했고, 자본주의에 의해 기계 농사가 시작되었다. 사회주의에서 나타난 집단 노동은 사회주의식 단작 농사의 특징이었다. 유럽의 중세를 암흑의 시대라고 부르는 것은 다분히 단작 농사의 시각일 수 있다. 물론 '농노'라는 여전히 노예 노동의 성격이 강하게 유지되기는 했지만 그래도 중세에는 가족 공동체와 장원 공동체가 존재했고 단작이 아닌 윤작과 혼작의 농사가 행해졌다.

단작 농사가 위력적인 것은 농사짓는 사람보다 농사짓지 않는 사람을 더 많게 만들었다는 사실이다. 인류 역사에서 지난 20세기의 가장 큰 변화는 도시의 인구수가 농촌의 인구수를 앞질렀다는 것이다. 이제는 도시 인구가 많은 정도가 아니라 대다수의 사람이 도시에 살고 있다. 우리나라에서 농사는 이미 사양 산업이 되고 말았지만 농업 선진국들조차 농민 인구는 2퍼센트 정도에 불과하다. 2퍼센트에 불과한 농민이 식량 자급뿐만 아니라 식량 수출까지 한다. 엄청난 단작 농사를 하고 있다는 이야기다. 비행기로 제초제와 농약을 뿌리고 씨를 뿌리고 비료도 뿌린다.

단작 농사의 위험성을 알려 준 역사적 사건이 바로 아일랜드의 감자 역병 사건이다. 1845년부터 5년간 아일랜드에서 감자 역병이 크게 번졌다. 이 사건으로 감자를 주식으로 하던 아일랜드 사람들은 100만

명 넘게 굶어죽었고 그만큼의 사람이 난민으로 미국으로 건너갔다. 이는 단일종 감자만을 심은, 말 그대로의 단작이 가져온 비극이었다.

우리도 조선시대뿐만 아니라 일제강점기까지만 해도 다양한 벼를 심어 먹었다. 농가마다 여러 가지 벼를 심어 먹은 이유는 예측 불가능한 날씨 변화에 한 종자만 심어 먹으면 자칫 농사를 망치고 말 수 있다는 것이었다. 몇 년 전에 여전히 옛날처럼 벼를 네 종류 심는 농부 한 분을 만난 적이 있다. 가뭄에 강한 종자, 냉해에 강한 종자, 습해에 강한 종자, 도복에 강한 종자 등을 심는데, 한 번에 다 심는다고 했다. 일단은 모판에 네 가지를 심어 놓고 날씨를 지켜보다가 가뭄이 들 것 같으면 가뭄에 강한 모를 모종하고, 냉해가 올 것 같으면 냉해에 강한 모를 모종하는 식인데, 날씨를 예측할 능력이 없어 그냥 다 심는다고 했다.

이렇게 다양한 종자를 심고 재배하는 문화가 종자를 다양하게 발전시킨 원동력이었다. 이게 바로 단작과 다른 혼작의 위력이다. 문제는 단작을 하면 번거롭게 여러 종류의 농사를 짓지 않아도 되는데다 많은 사람이 배불리 먹을 수 있는 반면, 혼작을 하면 일을 많이 해야 하고 배는 별로 부르지 않는다는 사실이다. 어떻게 해야 할까? 고민에 빠질 수밖에 없다.

그런데 배불리 먹고 부자가 되었지만 농사를 집어던진 지금 우리는 행복한가? 많은 사람이 가난했지만 옛날이 좋았다는 말을 종종 하곤 한다. 부자가 되고 편한 도시에 살고 해외여행도 자주 다니는데 왜 그럴까? 뭔가에 정신이 팔려 달려왔지만 뒤돌아보니 어느새 우리는 공동체도 잃었고 사람 간의 정도 잃었고 여유도 잃었고 희망도 잃어버린 채 살고 있었다. 숨 쉴 틈도 없이 바쁘건만 나아지는 것 없이 뭔가 불안하기만 하다.

나는 흙을 버리고 농사를 버린 자업자득의 결과라 생각한다. 그리고 흙을 버리고 농사를 버리게 만든 것은 바로 단작 농사였다. 많은 사람이 농사짓지 않고도 먹고 살 수 있는 길을 연 단작 농사 말이다. 이것이 단작 농사의 패러독스다.

윤작과 혼작

　현대 농법의 작부 방식은 단작單作과 연작連作이 특징이다. 단작은 한 작물을 대단위로 재배하는 것을 말하고, 연작은 같은 작물을 계속 같은 땅에서 재배하는 것을 말한다. 그런데 이런 방식은 최악의 농사 방법이다. 단작과 연작은 병해충을 부르고 땅을 망가뜨리는 방법이기 때문이다. 병해충에 강한 작물이라도 단작을 하면 바로 병해충에 약해진다. 상추나 대파 같은 작물은 특유의 쓴맛과 향이 있어 병해충에 강한 편이다. 그런데 이런 작물이라도 한 작물만 대단위로 심으면 병해충이 들끓는다.

　생명은 다양한 종들이 다양한 방식대로 살아야 건강하다. 다양한 생명은 서로가 서로에게 전염병 차단막이 되어 준다. 사람도 남녀노소가 다양하게 어울려 살면 같은 효과가 있는데, 할아버지·할머니는 아이들의 전염병을 막아 주는 차단막 역할을 할 뿐만 아니라 보균자들인 노인들로부터 예방주사 맞는 효과가 있어 아이들은 면역력이 높아진다. 반면에 아이들은 노인들에게 생기를 불어넣어 준다.

작물도 마찬가지다. 다양한 작물이 함께 어울려 살아야 서로가 서로에게 병해충 차단막 역할을 해 준다. 예컨대 배추 옆에다 대파를 심으면 배추를 좋아하는 벌레들이 대파 향을 싫어하기 때문에 한 번에 확 번지지 않는다. 고추 열매에 구멍을 뚫고 들어가 기생하는 담배나방 애벌레도 들깨 향을 싫어하기 때문에 고추밭 가운데 드문드문 들깨를 심으면 기피 효과가 있다.

그러나 굳이 특정 병해충을 싫어하는 특정 작물을 애써 찾으려 하지 않아도 된다. 적당히 다른 것들을 조합해 같이 심으면 대부분 효과가 있다. 작물이 다르기만 하면 다른 것만으로도 차단막 역할을 한다. 특정 병해충이 특정 작물을 좋아한다면 다른 작물은 별로 좋아하지 않기 때문에 그것만으로도 차단막이 되는 것이다. 그렇지만 되도록 성격이 다른 것들을 함께 심어야 효과도 좋고 일하기도 좋으며 땅 관리에도 도움이 된다.

연작은 단작 못지않은 대표적으로 잘못된 재배 방식이다. 같은 작물을 계속 같은 장소에다 심는 연작은 땅을 망가뜨리고 결국 작물도 건강을 잃는다. 연작으로 인한 피해는 여러 가지다. 우선 땅속의 영양과 생태가 한 작물에 의해 편중된다. 또한 그 작물만 공격하는 병해충이 증식한다. 결국 한 작물만 연작한다면 그 작물을 좋아하는 병해충을 양식하는 것과 다를 바 없다.

연작으로 인한 대표적인 피해는 토양의 염류화와 산성화다. 한 종류의 작물에 의한 수소이온의 집적으로 염류화를 촉진하기도 하고 산도를 높여 토양을 산성화시키기도 한다. 결국 작물이 살지 못하는 오염된 땅이 되고 그 상태가 오래 지속되면 사막이 되고 만다. 옛날에는 사막이 아니었는데 오랜 세월이 지나 사막이 된 지역은 대개 한 작물을 연작하여 생긴 피해인 경우가 많다. 물론 연작의 문제만이 아니라 과도한 목축과 과도한 물의 낭비로 인한 경우도 많다. 목화 연작으로 인한 아랄 해의 사막화가 대표적이다.

연작 피해가 없는 작물은 매우 드문데 그 가운데 주목할 만한 작물이 바로 벼다. 벼가 연작 피해를 피할 수 있는 것은 바로 논의 물 때문이다. 물이 토양의 염류 축적을 정화해 주는 것이다. 벼가 늘 같은 논에 변함없이 심어지고 재배되는 것은 대단히 신기한 현상이다. 너무나 당연한 것이어서 그 소중함을 모르는 공기처럼 벼가 늘 같은 논에서 살고 있기에 잘 모를 뿐이다.

연작 피해에 매우 약한 작물을 들라면 단연 고추다. 고추에게 가장 무서운 병은 탄저병인데, 연작하면 절대로 피할 수 없다. 일단 한번 퍼지면 연작하지 않고 윤작한다 해도 완전히 물리치기는 어렵다. 병이 발생한 밭의 탄저균은 흙 속에 남아 겨울을 넘기도 한다. 그래서 같은 밭에서 고추를 연작하면 장마철과 같이 활동하기 좋은 조건이 되면 다시 탄저병이 나타난다. 그런데 사람들은 연작하면서 고추는 절대 농약 치지 않고는 안 된다고 말한다. 고추를 연작하면 사실상 탄저균을 계속 키우는 것이나 다름없다.

전통 방식의 윤작법을 알아보자(이 글에서는 돌려짓는 윤작뿐만 아니라 섞어짓는 혼작混作, 사이짓는 간작間作 등을 통틀어 윤작輪作이라 한다).

원래 윤작은 땅의 효율을 높이려는 목적에서 나온 방법이었을 것이다. 그러니까 같은 땅에서 몇 가지 작물을 이모작 또는 삼모작 한다든가, 아니면 수확과 심는 시기가 다른 작물을 먼저 심은 작물의 수확 전에 그 사이사이에 심는다든가, 아니면 주 작물을 심지 않은 공간에서 자투리 공간이나 여유 공간을 활용하는 식이다.

그런데 오늘날 윤작은 그 이상의 의미를 담고 있다. 가장 큰 의미는 병해충에 대한 방어 능력이 높다는 사실이다. 단작을 하게 되면 아무리 강한 작물이라 해도 병해충의 공격에 약할 수밖에 없다. 그럼 어떤 것들을 윤작해야 병해충에 강할까? 대체로 같은 작물만 아니라면 좋다고 볼 수 있다. 단지 작물의 성격을 잘 파악해 다른 성격의 작물들로 조합을 만들려는 노력은 필요하다.

첫째, 과科가 다른 것끼리 조합하는 게 좋다. 예컨대 고추·감자·토마토·가지는 같은 가짓과이므로 윤작의 조합에서 피하는 게 좋다. 과도 과지만 성격이 다른 것끼리의 조합이 좋다. 예를 들어, 위로 크는 수수나 옥수수와는 아래로 기는 조선오이나 조선호박이 좋다. 고구마처럼 땅속뿌리로 열매를 맺는 작물과 위로 열매를 맺는 수수나 조 같은 곡식의 윤작도 좋은 방법이다.

둘째, 질소질 거름을 비롯해 다양한 미네랄 양분을 많이 소모하는 다비성多肥性 작물은 서로 피하는 게 좋다. 다비성 작물은 대체로 병해충에 약하다. 병해충도 질소질을 좋아한다. 질소질 거름을 많이 먹은 작물은 소위 비만에 걸리기 쉽고 수분을 과잉 함유하여 병해충을 불러들인다. 과가 다른 다비성 작물이라도 함께 심거나 그루작(앞뒤짓기나 사이짓기 할 때 뒤에 심는 작물)으로 심으면 병해충에 약해진다. 예를 들어 고추밭 옆에 배추를 심는다든가, 옥수수 그루작으로 마늘을 심는 것은 그리 좋은 윤작이 아니다(이들은 모두 다비성 작물이다). 거름이 풍부하다면 불가능할 것도 없지만 어쨌든 병해충에 좋은 대책은 아니다. 다비성 작물 옆에는 거름을 적게 먹는 작물이나, 아니면 콩과처럼 거름을 스스로 만드는 작물을 심는 것이 좋다. 고추밭 옆이나 사이사이에 수수나 들깨를 심는 것도 한 방법이다. 배추밭 옆이나 사이사이에는 파 종류를 심는 것도 좋다. 콩과 식물은 땅을 비옥하게 해 주기 때문에 어떤 작물과도 어울릴 수 있는 작물이다.

셋째, 땅심을 많이 빼 먹는 작물들은 피한다. 다비성 작물이 대표적인데, 다비성이면서도 땅으로 돌아갈 게 별로 없는 작물도 조합에서 피하는 게 좋다. 예를 들면 채소는 대개 다비성이면서도 거름이 되어 땅으로 돌아갈 부산물이 별로 나오질 않는다. 특히 잎채소인 배추를 비롯해 쌈채소가 대표적이다. 알곡만 먹고 줄기 등은 거름이 되어 땅으로 돌아가는 곡식은 땅을 심하게 수탈하지 않는다. 예컨대 봄에 배추를 심었다면 그루작으로 다비성인 옥수수보다 땅심을 살려 주는 콩을 심는 것이 좋다.

넷째, 흙을 좋게 해 주는 성격이 다른 것들을 윤작하는 조합이 좋다. 염류 축적과 토양의 산성화는 연작의 대표적인 폐해다. 보통 이를 예방하기 위해 정기적으로 쟁기질을 하는 것도 좋은 방법이다. 그런데 쟁기질을 하지 않아도 토양의 통기성通氣性을 좋게 해 주고 산성 토양에도 강한 곡식을 재배하면 무경운 농사도 가능해진다. 대표적인 게 바로 호밀이다.

호밀은 뿌리를 깊게 내리기 때문에 양분과 수분을 흡수하는 능력이 높아 거름도 적게 들고 땅의 통기성을 높여 준다. 또한 산성 토양에서도 비교적 잘 자란다. 더불어 호밀은 풀에 대한 내성도 강하기 때문에 겨울에 땅을 놀리지 않고 이를 심으면 땅을 좋게 해 주는 작용을 한다. 요즘은 호밀을 녹비 작물로 많이 이용하는데, 수확이 목적이 아니라 말 그대로 녹비 곧 녹색 비료가 목적이다. 그래서 이삭이 패기 전 적당히 베어서 갈아엎어 버린다. 갈아엎지 않고 그냥 베어 쓰러뜨려 멀칭 재료로 써도 좋다.

호밀 이 외에도 밀과 보리는 농사가 쉬울 뿐만 아니라 놀고 있는 겨울 땅을 활용할 수 있기 때문에 식량 자급률을 높이는 데 일조할 곡식이다. 그러나 밀과 보리는 수확기가 늦어 벼와 이모작이 어렵다는 이유로 그 재배가 감소해 왔다. 특히 밀은 수확기가 더 늦어 벼와 이모작이 쉽지 않다. 그래서 전통적으로 보리와 벼의 이모작은 했지만 밀과 벼의 이모작은 잘 하지 않았다. 게다가 요즘은 벼 모내기가 빨라졌기 때문에 밀은커녕 보리 수확 후 모내기를 할 수가 없게 되었다.

이런 이유로 보리와 벼를 이모작 하려면 토종 벼를 살려야 한다. 토종 벼는 대체로 하지 무렵에 모내기를 하기 때문에 충분히 보리와 이모작이 가능하다. 그게 아니면 보리를 수확하기 전 사이짓기로 그 사이에 직접 볍씨를 파종해도 된다. 이렇게 해서 보리와 벼를 이모작하게 되면 논 토양의 개량 효과가 커진다. 토종 벼를 다시 살려야 하는 이유이다. 그런데 토종 벼는 생산성이 떨어지고 밥맛이 떨어지는데, 농사지을 수 있겠느냐는 의문이 생긴다.

벼 자체로만 보면 분명 생산성이 떨어진다. 그러나 논의 입장에서 보면 보리와 이모작을 하기 때문에 생산성이 떨어진다고만 말할 수 없다. 다만 보리를 잘 먹지 않으려 하는 게 문제다. 밀과 보리는 가난한 사람들이나 먹는 곡식으로 여겨졌기 때문이리라. 토종 벼가 맛이 떨어진다는 것도 재고해 봐야 한다. 토종 벼가 맛이 떨어진다는 것은 백미일 경우라야 맞다. 토종 벼는 현미로 먹어야 제 맛이 난다. 먹기에 거칠지는 몰라도 맛과 향이 살아 있다. 속껍질까지 깎은 백미는 그냥 탄수화물 덩어리에 불과하다. 백미가 맛있는 것은 일본산 쌀들이다. 이른바 아키바레류다. 그런데 쌀의 영양소는 사실상 속껍질(쌀겨)에 많다. 그 영양소를 다 깎아 버리고 백미로만 먹으면 각종 성인병의 원인이 된다. 토종 벼를 재배하면 생산성이 떨어진다는 말도 재고해 봐야 한다. 버리는 쌀겨의 양도 무시하지 못할 정도이기 때문이다. 그래서 현미로 먹으면서 보리와 함께 재배한다면 결코 생산성이 떨어진다고만 할 수 없을 것이다.

다섯째, 작물의 약성藥性을 잘 파악해서 조합을 꾸미는 방법이 있다. 고추 사이에 들깨를 심으면 고추 열매를 공격하는 담배나방애벌레를 막아 준다. 또한 들깨 심었던 자리에 마늘을 심으면 들깨 향이 마늘을 공격하는 고자리파리를 막아 준다. 고추 심었던 자리에 마늘을 심으면 마늘향이 고추밭에 서식하는 병균들을 예방하는 효과가 있다. 특히 좋은 것은 파 종류다. 파나 부추를 주 작물에 간작이나 혼작으로 심으면 여러 병을 예방할 수 있다. 대체로 모든 채소에 효과가 있다. 토마토, 오이, 호박, 수박, 배추, 딸기, 시금치 등이다. 그 외에 갓도 특유의 향 때문에 토마토에 좋다고 하며, 마늘도 특유의 향 때문에 사과나무 주변에 심으면 사과나무 껍질을 파고드는 벌레 예방에 좋다고 한다. 파와 부추는 그 자체를 목적으로 재배하기도 하지만 간작·혼작으로 주 작물의 해충 예방용 목적으로 심으면 좋다.

여섯째, 이른바 '타감 작용Allelopathy'을 이용한 윤작이다. 식물이 끊임없이 화학 물질을 내뿜어 다른 식물의 생존과 성장을 억제하거나 때로는 촉진하는 현상을 타감 작용이라 한다. 다른 식물에 좋은 작용을 하는 물질을 내뿜기도 하지만, 대체로 주목적은 방어와 공격에 있다. 타감 작용의 이용에서 가장 주목 받는 것은 풀 억제다. 말하자면 같은 종이 아닌 주변의 풀에 대해 저항 물질을 많이 내뿜는 작물을 이용해 제초 효율을 높이는 것이다. 대표적으로 맥류인 밀과 호밀 또는 보리를 심는 것이 그렇고, 메밀도 효과가 있다. 이들 작물을 앞 작물로 재배하면 풀이 훨씬 덜하다.

낙엽을 깔면 제초 효과를 얻을 수 있기도 하다. 낙엽에서 타감 물질이 나오기 때문이다. 예를 들어, 단풍잎, 갈잎, 은행잎, 솔잎 등을 작물 사이에 깔아 주면 제초 효과를 얻을 수 있다. 특히 은행잎과 솔잎은 병해충 방제 효과도 있다.

축畜 경운

　우리 농업에 기계 농업이 본격 도입된 지 어언 30~40년은 되었다. 이렇게 적지 않은 세월이 흐르자 기계 농법의 문제점이 드러나기 시작했다. 무거운 기계로 논밭을 밟고 다니다 보니 땅속이 굳은 것이다. 이른바 쟁기바닥층 경화 현상이다.

　무거운 기계로 다져진 것뿐만 아니라 잦은 로터리질로 고운 흙이 쌓여 흙의 틈새를 메워 버려 더욱 흙을 다져 준다. 곱게 자주 흙을 갈면 흙 속의 유기물도 고갈된다. 유기물이 고갈된다는 것은 흙을 가는 과정에서 과도하게 유입된 산소에 의해 흙 속의 탄소가 산화되어 날아간다는 뜻이다. 탄소의 최고 저장고인 흙의 떼알 구조가 깨져 버리고 오히려 흙이 탄소를 배출하는 오염원이 될 뿐만 아니라 홑알로 흩어진 흙은 폭우나 바람에 의해 유실될 가능성이 커진다.

　딱딱한 쟁기바닥층이 만들어지면 무슨 문제가 생길까? 우선 작물의 뿌리가 땅속 깊이 뻗지 못한다. 뿌리가 깊게 뻗지 못하니 작물은 건강하게 자라지 못하고 조금만 비가 많이 오거나 바람이 세게 불면 잘 쓰러진다.

　그다음으로 비가 오면 물이 땅속으로 스며들지 못하고 표토로 흘러가 버려 흙의 유실이 심각해진다. 땅속으로 스며들지 못하니 지하수가 줄어들고 표토가 유실되면 흙은 황폐해진다. 유실될 만큼 많은 비가 오지 않더라도 비만 오면 땅은 온통 진창이 되고 마르면 더욱 단단해진다. 이렇게 단단해진 흙에다 오염된 축분, 화학 비료, 제초제, 농약 등을 치게 되면 흙은 더욱 숨이 막힌다. 그러면 또 무겁고 힘 좋은 기계로 갈아 버릴 수밖에 없으니 악순환이 되풀이될 뿐이다.

　기계가 없던 옛날엔 당연히 소 쟁기질을 했다. 소 쟁기질은 로터리질과 근본적으로 차이가 있다. 쟁기질은 속의 흙과 겉의 흙을 뒤집는 일이다. 그 과정에서 땅속으로 산소가 공급되고, 속흙이 갖고 있는 무기질 영양분(미네랄)이나 미량요소들을 땅 표면으로 끌어올려 주는 효과가 있다.

　우리 쟁기에는 땅을 파는 보습이 있고 그 위에 볏이라는 장치가 있어 흙을 파헤쳐 뒤집는 역할을 한다. 볏이 없으면 흙을 뒤집지는 못하고 좌우로 흩어 버릴 뿐이다. 볏이 없는 쟁기로 흙을 훑어 좌우로 북주기 하는 것을 후치질이라 하는데, 작물 사이의 풀을 매면서 두둑을 돋우어 주는 작업이다. 후치질 하는 쟁기는 보습이 쇠가 아니라 나무로 되어 있는 것도 있다. 후치질 할 때 쓰는 쟁기를 '극쟁이'라 하는데, 보통 소가 하지 않고 사람이 할 경우 인걸이라고 한다. 소가 하면 작물을 밟을 우려가 있어 사람이 어깨에 걸고 하는데, 면적이 넓으면 소를 시키기도 했다. 그럴 때는 소 주둥이에 부리망(입마개)을 씌워 소가 작물을 먹지 못하게 한다.

서양의 쟁기는 동양보다 오래되었지만 그 기술은 덜 발달했던 것 같다. 곧 보습은 있으되 볏이 없는 쟁기를 오랫동안 사용했다. 그러다 중세 말 흙을 뒤집는 쟁기가 발명되어 중세의 농업 혁명을 이끌었다.

밀농사가 중심이던 그들은 2년에 한 번씩 휴경을 했다. 곧 연작으로 인한 피해를 줄이기 위해 경작지의 반을 휴경지로 놔두었던 것이다. 이를 2포제二圃制라 한다. 또한 서유럽과 북유럽의 토양은 비옥하기는 하나 습하고 점도가 높아 땅속의 흙까지 공기가 들어가지 못하는 문제가 있었다.

그런데 깊게 흙을 뒤집을 수 있는 쟁기가 발명되면서 연작으로 인한 땅의 고갈만이 아니라 토양의 근본 한계를 보완할 수 있게 되었다. 드디어 삼포제three-field system 농업이 가능하게 되었고, 급작스럽게 농업 생산력이 높아졌다. 경작지의 반을 휴경하다가 1/3만 휴경하니 수확량이 많아진 것이다. 이렇게 높아진 농업 생산력은 유럽 중세를 꽃피웠고, 중세를 끝맺고 자본주의로 나아가는 배경이 되기도 했다.

서양의 쟁기질에서는 말을 썼다. 소도 썼지만 말이 더 빠르고 오래 일을 했다. 서양의 농사는 대부분이 밭농사이므로 밭 경운에 더 적합한 말을 사용한 것이다. 깊게 심토를 뒤집는 쟁기질에는 여덟 마리의 말을 썼다. 트랙터의 원형이다.

　소 쟁기질은 무거운 농기계를 사용하는 것처럼 땅을 짓누르는 일이 없다. 땅이 다져질 리 없고 당연히 딱딱한 쟁기바닥층이 생길 리 만무하다. 쟁기질을 하고 나면 흙이 덩어리지기도 하는데 이때 논에서는 물을 담아 써레질 곧 수평잡기와 흙 잘게 부수기 작업을 한다. 밭에서는 곰방메라는 큰 나무망치 같은 농기구로 덩어리진 흙을 잘게 부수며 땅의 수평을 잡는다. 이런 정도의 써레질로는 기계 로터리질로 인한 떼알 구조의 파괴라든가 고운 입자가 흙의 틈새를 메우는 부작용은 일어나지 않는다.

　늦가을에 농사를 끝내고 나서 논밭을 깊게 뒤집어 주면 뒤집힌 흙이 겨우내 바람과 눈, 비와 추위를 맞으면서 더욱 부드러워지기도 하지만 뒤집힌 표토가 심토를 보호하여 겨울바람과 건조에 의한 토양 침식 및 가뭄을 예방해 준다. 겨울바람에 의한 토양 침식이 뭐 문제가 되느냐고 생각할 수 있지만 의외로 만만치가 않다. 특히 제주도는 심각한 수준이라 할 만하다.

　가을갈이가 봄갈이보다 흙을 좋게 해 주는 데 효과적이다. 봄갈이는 파종을 위한 작업이라 얕게 갈아 준다. 가을갈이할 때는 수확 후 생긴 부산물들, 볏짚, 검불, 풀 등을 땅속으로 집어 넣어주어 겨우내 삭으면서 토양 속 부식의 비중을 높여 준다. 토양을 비옥하게 해 주는 것이다.

무경운 또는 무로터리(무기계질)

사실 여건이 되고 능력만 된다면 가장 좋은 경운법은 무경운이다. 전통 경운법이라 하면 소를 이용한 축력 경운이 대표적이다. 무경운법을 전통 농법이었다고 하기에는 표현상 무리가 있다. 옛날 농부들이 무경운의 의미를 알고서 적극적으로 경운을 하지 않았다기보다 소가 귀해 경운에 이용하지 못해 괭이나 호미로 씨앗 심을 골을 내고 김매는 정도로 했던 게 무경운이었을 것이다. 그러니까 무경운이 정식 농법으로 정착한 된 것이라 볼 수는 없지만, 그럼에도 전반적으로 행해지던 농사 방식이었으므로 그 의미를 살리고 적극적으로 그것을 농사의 한 방법으로 정식화할 필요가 있다고 본다.

그럼 무경운 농법이 무엇인지 살펴보자. 경운을 하지 않는다면서 경운법이라는 말을 붙이는 게 모순이기는 하다. 파종을 위해 골을 낸다든가 북을 돋우기 위해 후치질을 한다든가 하면 완전 무경운이라 할 수 없으니, 이도 경운법의 일종이라 해도 무방할 듯하다.

'무경운 농법'은 일본에서 먼저 정식화한 것이어서 이름도 다분히 일본식이기는 하다. 그리고 전혀 흙을 갈지 않는 것도 아니어서 정확히 말하면 '얕이갈이淺耕'라는 말이 더 적당하다. 그럼에도 그동안 많이 통용되어 온 말이고 그 의미를 강조하는 데에는 좋은 점도 있어 '무경운'이라는 말을 쓰기로 하자.

소 쟁기질이든 기계로 하는 로터리질이든 흙을 갈면 흙 속에 붙어 있던 부식은 산화되어 공기 중으로 날아간다. 탄소가 날아가는 것이다. 부식의 주원료가 탄소이기 때문이다. 이산화탄소의 증가로 온실효과와 지구온난화를 우려하는 세상이니, 이도 그렇게 흔쾌한 방법이라 할 수는 없을 것 같다.

몇 년 전에 연로하신 농촌진흥청 출신 농학자 세 분과 함께 점심을 할 기회가 있었다. 이야기를 나누던 중에 무경운과 관련된 내용이 나와 귀가 솔깃했다.

"유신 시절인데, 그때는 위에서 시키지 않은 보고를 하면 별로 좋아하지 않았어. 근데 시골 현장을 답사해 보면 희한하게도 갈지 않은 모판의 벼가 더 건강해 보인다 말이야. 그때만 해도 농기계가 막 보급되기 시작할 때라 경운기도 귀하고 소도 마을에 잘 해야 한두 마리 있으니 자기 모판 갈 기회를 기다리면 때를 놓치고 말기 때문에 그냥 괭이질 정도밖에 못하는 농가가 많았거든. 아 그런데 내 눈에는 갈지 않은 모판 모가 더 좋아 보이더라는 거지. 여기 이 친구들하고 의기투합해 그걸 본격적으로 조사해 보고 나름 근거를 대어 보고서를 올렸더니 쓸데없는 짓들 하고 다닌다고 혼만 났지 뭐. 아 그때는 위에서 시키지 않고 나라 시책에 반대되는 일 하면 큰일 나는 거거든. 지금 생각하면 아쉽지. 그걸 더 발전시킬 수 있었다면 우리 농업 발전에 적지 않은 파장을 일으켰을 거야."

그렇다면 경운보다 무경운이 왜 더 좋은가?

첫째, 토양을 깊게 연속적으로 갈지 않고 파종과 제초를 하기 위한 정도의 얕이갈이를 하면 경운한 땅에 비해 가뭄에 강하다. 토양은 그냥 놔두면 땅속 깊은 물의 습기가 표토로 올라온다. 물이 토양 깊은 곳에서부터 표토까지 형성된 모세관을 따라 올라오는 것인데, 경운을 하게 되면 이 모세관이 끊어진다. 그러니까 작물의 뿌리 깊이보다 더 깊게 땅을 갈아 주면 뿌리에 닿아야 할 모세관이 끊겨 작물은 땅속의 습기를 빨아들이지 못해 가뭄을 타게 된다. 요즘 어디서나 관개농사가 일반화된 것은 일반화된 경운과 매우 긴밀하다고 할 수 있다.

그러나 얕이갈이를 해 주면 오히려 가뭄에 강하다. 얕이갈이는 습기가 올라오는 모세관을 표토에서 끊게 되는데, 그렇게 되면 습기는 작물의 뿌리까지는 충분히 닿는 반면 표토로 날아가는 수분은 막을 수 있어 토양의 수분 함량이 늘게 되는 것이다. 게다가 인위적인 관개를 해 주지 않으면 작물은 스스로 살기 위해 뿌리를 깊게 내린다. 땅속의 수분을 이용하기 위해서다.

둘째, 흙은 갈지 않으면 흙의 입단화粒團化가 촉진된다. 입단화란 흙의 구조가 밀가루 같은 홑알들이 뭉글뭉글 뭉쳐져 떼알로 만들어지는 것을 말한다. 탄력이 있는 떼알의 흙은 장마로 인한 흙의 유실을 줄여 준다. 게다가 토양을 갈지 않으니 산화로 인한 토양 속 유기물의 유실 현상이 일어나지 않을뿐더러, 다양한 작물과 풀들의 부산물이 표토에 축적되어 토양에 유기물 함량이 늘어나고 토양은 부드럽고 통기성 좋은 흙으로 바뀌어 간다. 또한 표토에 작물의 부산물이 피복되면 더욱더 비에 의한 흙의 유실·침식을 막아 준다.

더불어 이렇게 형성된 흙에는 다양한 생명이 어울려 살면서 건강한 먹이사슬이 만들어진다. 먹이사슬이 만들어진다는 것은 특정한 우점종이 생기지 않는다는 말과 같다. 해충도 있고 익충도 있다. 그 먹이사슬이 계속 균형을 유지해 가면 흙은 절로 건강해지고 그 위에서 자라는 작물도 절로 건강할 수밖에 없다.

토양의 입단화와 부식의 증가는 기계 경운에 의한 쟁기바닥층의 형성을 막아 준다. 토심은 깊어지고 따라서 작물은 뿌리를 깊게 내린다. 자연히 비와 바람에 의한 쓰러짐을 예방할 수 있고 토양 속의 다양한 무기질 양분을 흡수해 작물은 더욱 건강하게 자란다.

셋째, 경운을 하지 않게 되면 거름을 땅속으로 넣어 주지 못하고 표토에 뿌릴 수밖에 없는데, 이렇게 하면 질소에 의한 토양 오염을 예방할 수 있다. 물론 거름을 토양 속에 집어넣지 않아 작물의 비료 흡입 효과는 떨어질 수 있다. 하지만 당장의 비료 효과는 떨어질 수 있지만 지속적으로 퇴비와 같은 유기물을 피복해 주면 토양 속 유기물 함량이 높아져서 충분히 보완할 수 있다.

다만 무경운 초기에 비료 효과가 떨어지는 것은 사실이기에 이를 보완하기 위해서 웃거름을 준다. 그러나 이 또한 과다하게 시비하는 것은 조심해야 한다. 사실 질소 비료는 밑거름보다는 웃거름으로 보완하는 게 좋다. 질소 비료를 제대로 발효시키지도 않은 채 토양에 집어넣으면 토양을 오염시키지만 발효된 것이라 해도 과잉 시비하면 토양 속 양분이 과잉되어 균형이 깨진다. 이런 과잉된 양분을 섭취하기 위해 해충이 모여들 수 있고 세균도 발생될 수 있다.

그러나 무경운 농법에는 몇 가지 단점이 있다. 그 단점을 보완할 수 있는 방법이 무엇인지 함께 알아보도록 하자.

무경운을 하면 무엇보다도 제초의 어려움이 있다. 사실 땅을 경운하는 것에는 제초의 목적이 크다. 더불어 표토를 덮고 있는 풀들이나 전 작물의 밑둥들을 흙과 함께 갈아엎으면 그 유기물들이 땅속의 유기물 함량을 높여 주는 효과가 있다. 나는 이런 방법도 토양 속 유기물 함량을 높이는 좋은 방법이라 본다. 가을 수확을 하고 난 다음 바로 이와 같은 방법을 실천하면 겨우내 토양이 얼었다 녹았다 하면서 유기물이 잘 부식되고 토양도 부드러워지면서 입단화도 잘 된다.

그럼 무경운에서는 이를 어떻게 보완할 수 있을까?

첫 번째 방법으로 무경운 농법에서는 땅을 되도록 놀려 두는 일이 없도록 하는 게 좋다. 말하자면 이모작과 윤작·혼작을 적극 실천해야 한다. 벼를 수확하고 나면 논은 일 년의 반 가까이 방치된 상태로 버려진다. 예전엔 거기에 보리나 밀이 심어져 있었다. 다만 중·북부 지역처럼 추운 곳에서는 이모작이 힘들어서 가을 수확 후 땅을 갈아엎거나 물을 담가 놓아 논의 생태계를 보전하는 데 노력했다. 보리나 밀을 재배하면 풀이 자랄 틈도 없지만 벼의 연작으로 인한 토양의 오염을 예방할 수 있는 장점도 있다. 이모작을 못하면 갈아엎기라도 해야 하는데 이는 무경운이 아니니 이모작을 못하는 추운 지방에서는 문제가 된다. 그러나 나는 추운 지방에서도 가능한 한 이모작을 꼭 실천해야 한다고 생각한다. 추워서 이삭이 익지 못하더라도, 그러니까 밀이나 보리를 수확을 못하더라도 녹비(녹색 비료)를 얻는 차원에서라도 이모작을 하는 게 좋다. 특히 맥류는 뿌리를 깊게 내려 간접 경운 효과를 주기 때문에 적극적으로 활용하도록 한다.

    두 번째 방법은 늘 표토에 유기물 피복을 실천하는 것이다. 밭에서 나오는 풀들은 양도 적고 말라 버리면 남는 것도 거의 없고, 자칫 다시 풀들만 더 무성하게 할 우려가 있다. 피복하기에 좋은 재료는 활엽수 낙엽과 벼과 풀 등이다. 벼과 풀 등은 섬유질·규산질이 많아 오래 지속되므로 이를 꾸준히 작두로 썰어 밭에 피복해 주면 건조도 막고 풀도 예방할 수 있어 좋다. 벼나 풀보다 더 좋은 것은 낙엽을 이용하는 것이다.

    나는 한동안 아파트의 낙엽을 활용한 적이 있다. 도시 근교에 있는 장점이기는 한데, 아파트에서는 가을이 되면 낙엽 처리가 골치다. 돈 주고 버려야 한다. 낙엽을 아파트 측에서 우리 밭에 갖다 주는데 아주 정성껏 쌓아 준다. 누이 좋고 매부 좋은 일이 아닐 수 없다. 이를 일 년 정도 그냥 방치해 두기만 해도 이듬해 가을에는 낙엽 속에 부엽토가 절로 만들어진다. 그러나 되도록 은행잎 그리고 솔잎 등의 침엽수 낙엽은 피해야 한다. 침엽수에는 발아 억제 물질이 들어 있어 작물에 해를 줄 수 있다. 물론 오랫동안 놔두어 잘 삭으면 문제는 덜하다. 오히려 침엽수 낙엽을 따로 모아 두었다가 작물 사이에 피복해 주면 풀의 발아를 억제할 수 있다. 아무튼 나는 이렇게 만들어진 부엽토를 오줌과 함께 버무려서 밭에 깔아 준다. 버무리기 힘들면 부엽토를 깐 다음 오줌을 뿌려 주어도 된다. 이렇게 깔아 주면 밑거름도 되고 또한 제초 효과도 있다.

세 번째 방법은 맥류를 적극 활용하는 것이다. 맥류는 다른 풀들의 발아와 생육을 방해하는 타감 물질을 많이 갖고 있다. 나는 밀을 많이 이용한다. 결과만 말하면, 밀을 10알 이상씩 한 구멍에 뭉텅이로 넣어서 효과를 얻고 있다. 흩어뿌림이나 줄뿌림으로는 효과가 거의 없다. 전에 재배했던 작물을 수확하고 한 뼘 간격으로 뭉텅이로 밀을 파종하면 수확할 때까지 전혀 풀을 제거하지 않고 다른 작물의 재배가 가능하다.

나는 주로 콩이나 밭벼 또는 고추를 거둔 후 밀을 심는데, 전혀 풀을 매지 않는다. 풀의 잔사가 있어도 그냥 놔둔다. 대부분은 겨울에 말라죽고 봄에 살아남는 다년생 풀도 밀의 타감 작용으로 힘을 쓰지 못한다. 밀을 수확할 때까지 한 번도 풀을 매지 않지만, 수확 후에는 여름 장마가 곧 닥치기 때문에 한 번은 풀을 매 주고 콩을 심는다. 밭벼는 세 번 정도 매 준다.

다른 친환경 유기농법이나 전통 농법이 다 그렇듯이 무경운 농법도 적용 초기에는 수확량이 떨어지고 일도 더 많을 수밖에 없다. 이 과도기를 어떻게 지혜롭게 이겨 내는가가 매우 중요하다. 관건은 토양 속 유기물 함량을 높이고 지속적으로 풀을 관리하는 데 있다. 이것만 잘 해도 최소 3년 뒤에는 무경운 농업이 정착할 수 있다. 그렇게 되면 수확량도 별 차이가 없을 뿐만 아니라 밭 전체가 매우 건강해진다. 병해충 피해도 현저하게 줄어들고 풀도 억센 것은 덜하고 순한 것들 위주로 남게 된다.

마지막으로 제안하고 싶은 것은, 무경운 농법으로 전환하려면 초기에 주의할 것은 곡식 위주로 재배해야 한다는 점이다. 고추나 배추처럼 병해충에 약한 채소 위주로 무경운을 당장 실천하기는 매우 어렵다. 채소는 특히 풀에 대한 경쟁력이 매우 약하고 가뭄에도 약할 뿐만 아니라 거름도 많이 주어야 하기 때문이다. 맥류와 곡식 위주로 땅을 충분히 살려 놓은 다음 부분적으로 채소 재배를 확대해 가는 전략을 취하는 것이 좋다.

다시 경운법으로

그런데 요즘 나는 다시 경운론자로 바뀌었다. 앞의 글을 지워 버릴까 하다가 곰곰이 살펴보니 나름 의미도 있고 다시 경운론 입장에서 보더라도 상통하는 바가 있어 그냥 두기로 했다. 토양을 살리고 지력을 높인다는 점에서는 일맥상통하는 점이 있다.

우선, '다시 경운법'이라도 기계에 의한 고속 로터리(회전) 경운에는 반대한다. 고속 로터리 경운을 하면 토양의 입자들이 머금고 있는 틈새(공극)가 없어져 통기성을 파괴한다. 이렇게 되면 호기성 세균(대표적으로 방선균)이 살지 못하게 되어 혐기성 유해 세균이 늘고 부패 가스가 늘어 해충까지 불러들인다. 부득이 기계를 사용하더라도 저속 회전으로 토양 입자를 되도록 거칠게 갈아 주어 통기성을 훼손하지 말아야 한다.

옛날엔 땅 가는 것을 '삶는다'고 표현했다. 한자로는 숙성하다는 뜻의 熟 자를 썼다. 삶는다는 것은 익힌다는 뜻으로 메주를 띄울 때의 '띄우다'와 의미가 통한다. 띄운다는 것은 입자들 간격을 띄워 조직 전체의 부피를 크게 만드는 것이라 볼 수 있다. 그러니까 땅을 가는 목적은 땅을 단순히 부드럽게 만드는 것과는 매우 다르다. 단순히 부드럽게만 하는 것으로 목적을 삼는다면 요즘처럼 로터리 기계로 고속 회전시켜 흙을 고운 밀가루 입자처럼 갈아 버리면 된다. 이렇게 흙을 곱게 갈아 버리면 흙 입자 사이의 간격 곧 공극이 메워져서 결국 금방 딱딱해지는 땅이 되고 만다. 비가 오면 진창이 되었다가 마르면 콘크리트처럼 경화되고 마는 땅이 되는 것이다. 땅을 곱게 갈아 부드럽게 만드는 것은 삶는 게 아니다. 거칠게 갈아서 흙 입자 사이의 공극을 크게 해 주어서 부드럽게 만들어야 비로소 삶는다는 뜻이 된다.

흙을 삶아 흙을 부드럽게 만드는 것은 흙 입자의 공극을 최대화해서 토양의 통기성을 높여 주는 것을 목적으로 해야 한다. 통기성을 높여 주는 것은 토양 내 호기성 미생물을 증식시켜 주는 일과 같다. 또한 식물의 뿌리 발육을 돕고 양분 흡수와 세포 증식을 도와준다. 그러나 공극이 없게 곱게 갈면 토양의 통기성이 악화되어 방선균 같은 호기성 미생물은 사라지고 산소 호흡을 못하는 식물의 뿌리는 세포 증식도 못하고 제대로 발육하지 못한다.

다음으로 '다시 경운법'에서는 땅 가는 목적 중 하나를 심토 보호 및 토양의 건조 예방에 두어야 한다. 땅 가는 형태는 시기마다 다른데, 겨울 되기 전에는 깊이 갈고 봄에는 얕게 간다.

겨울 되기 전, 가을 수확 후 땅을 그냥 방치하는 게 아니라 표토를 깊게 갈아엎어 놓는다. 이렇게 하면 갈려진 표토가 덮개(피복) 역할을 하여 겨우내 한랭·건조한 바람으로 인한 심토의 건조 및 토양 유실의 피해를 막아 준다. 다시 말해서 땅을 그냥 방치하면 심토에서부터 표토까지 모세관이 형성되어 땅속의 습기가 날아가 버리지만, 표토를 갈아 주면 이 모세관이 끊어져 습기의 건조를 예방해 줄 수 있다.

반면 봄이 되면 땅을 얕게 간다. 그 이유는 봄에도 땅을 깊이 갈면 작물의 뿌리에 땅속 깊은 곳에서 올라오는 물기가 닿지 않아 가뭄을 타기 때문이다. 그러니까 작물의 뿌리보다는 얕게 갈아 심토의 물기를 흡수할 수 있도록 해야 하는 것이다.

마지막으로 '다시 경운법'의 또 다른 목적 중 하나는 제초에 있다. 그런데 풀을 제거하기 위해 갈더라도 풀이 보일 때 갈면 이미 늦는다. 풀은 보일 때 갈면 풀을 이길 수 없고 풀이 보이지 않을 때부터 갈면 풀을 이길 수 있다. 그래서 "하농下農은 풀 보일 때 갈고 상농上農은 풀이 없을 때부터 간다"는 말이 있다.

보통 작물을 심기 전에 두세 번은 갈아 준다. 한 번 갈고 나면 일주일쯤 지나 새 풀이 올라온다. 풀씨는 땅속에서 휴면하고 있다가 땅을 갈면 땅 위로 올라와 햇빛을 받고 싹을 틔운다. 이를 명발아성明發芽性이라 한다. 그러나 정반대로 작물은 흙을 덮어 주어야 싹이 나는 암발아성暗發芽性이다. 때문에 풀은 한 번 갈아서는 잡을 수가 없는 것이다.

풀 관리가 되지 않은 밭이나 풀에 약한 채소를 심거나 모종이 아닌 씨를 직접 심을 때는 되도록 세 번까지 갈아 주고 심는 게 좋다. 반대로 풀 관리를 잘 해서 땅속에 풀씨가 많지 않은 밭, 씨보다는 모종을 심을 밭, 채소에 비해 풀에 강한 곡식는 밭은 두 번 정도 갈아 주고 심는다.

옛날엔 보리와 이모작이 잘 되지 않는 중부 지방에서는 벼 수확을 마치고 논에 볏짚을 썰어 넣고 깊게 간 후 물을 담아 놓았다. 그러면 물이 얼었다 녹았다를 반복하면서 논의 흙을 곱게 해 주어 담수력이 높아졌고 논의 대표적인 풀인 둑새풀을 억제하며 볏짚을 잘 삭게 해 주었다. 게다가 철새들이 찾아와 볏짚 사이에 남은 이삭을 주워 먹고 똥오줌을 누워 논에 거름을 대주었다. 덩달아 논의 물이 얼면 아이들 썰매장 역할도 해 주어 일석다조 효과를 볼 수 있었으니 조상들의 생태적 지혜가 대단했다.

작물을 심고 나서 작물이 뿌리를 내려 자라고 있을 때 갈아 주는 중간 경운에 의한 제초가 있다. 중경 제초라고도 하는데, 그 방식이 논과 밭에서 다르다. 논에서는 벼와 벼 사이를 훑어 주면서 풀도 제거하고 동시에 표토에 뻗은 벼의 잔뿌리들을 끊어 준다. 그러면 벼의 뿌리는 표토보다는 심토 쪽으로 깊게 뻗도록 유도되어 태풍과 폭우에 쓰러지는 도복 현상을 예방할 수 있다. 반면에 밭에서는 작물과 작물 사이를 훑어 주면서 흙을 작물 쪽으로 북돋아 준다. 그러면 풀도 제거되지만, 긁어 준 작물 사이의 표토에 형성된 모세관이 끊어져 토양의 건조를 막을 수 있고 긁은 흙을 작물 줄기 주변에 쌓아 주어 양분을 작물에 모아 줄 뿐만 아니라 흙을 덮어 준 덕에 습기의 방출을 막을 수 있다. 나는 이를 '흙 멀칭soil-mulching'이라 이름 붙였다.

비닐 멀칭을 대체할 생태 멀칭 방법들이 있지만 모두 한계를 갖고 있다. 가장 생태적인 재료라 할 풀을 덮어 보았지만 밭에서 나는 보통의 풀은 대부분 말라 비틀어져 효과가 없고, 낙엽이 효과 있지만 필요한 만큼의 양을 구하기가 쉽지 않다. 규산질이 많아 질긴 볏짚과 풀들을 멀칭하면 효과가 좋은데 밭 전체를 덮기 위해 논에 들어갈 볏짚을 밭에다 덮는다는 것도 적절하지 않을뿐더러 남의 논에서 볏짚을 구해다 덮는다는 것은 순환적이지 못해 선뜻 내키지 않는다.

조선 시대의 농서들에서는 대부분 한 번이 아닌 여러 차례의 경운을 강조하는데, 그 뜻을 헤아리기가 어려웠다. 10년 가까이 고古농서를 공부한 뒤에야 겨우 깨달을 수 있었으니, 간단히 정리한 게 바로 앞에서 서술한 내용이고 생태 멀칭의 대안으로 이름 붙인 게 바로 흙 멀칭이다.

멀칭의 목적은 제초와 아울러 토양의 건조 예방과 지열 확보에 있다. 그렇지만 흙 멀칭과 달리 대개의 멀칭법에는 통기성 확보가 반영되지 못했다. 덮었으니 통기성을 좋게 해 주기가 쉽지 않다. 다만 생태 멀칭은 공기가 통하는 재료들을 사용하니 비닐 멀칭보다는 통기성이 좋은 게 분명하지만, 흙 멀칭처럼 제초 효과와 북주기 효과를 얻지 못한다.

밭에서는 수시로 흙을 긁어 주고 덮어 주며 흙 멀칭 하는 것에 반해 논에서는 풀 나지 말라고 물을 담아 준다. 흙 멀칭이라는 이름에 맞춘다면 '물 멀칭'쯤 된다. 이에 대해선 벼 얘기에서 좀 더 자세히 살펴보도록 하겠다.

거름과 순환
내 똥 3년 먹지 않으면 죽는다

화학 비료의 문제

화학 비료라 하면 보통 요소 비료를 뜻한다. 요소 비료는 질소 비료다. 화학 비료를 많이 주어 땅이 망가졌다고들 한다. 화학 비료가 뭐기에 많이 주면 땅이 망가질까?

땅이 망가진다는 것은 무엇을 의미할까? 하나는 땅이 딱딱해지는 것이고, 둘은 땅이 산성화되는 것이다. 셋은 땅에 염류가 많이 축적되는 것이고, 넷은 땅에 병해충이 많이 기생하게 되는 것이다.

화학 비료는 질소 비료의 엑기스라고 보면 된다. 질소 비료는 물에만 닿으면 이온 상태로 변한다. NO_3^-와 NH_4^+가 대표적인데, 앞의 것은 질산태 질소, 뒤의 것은 암모니아태 질소라 한다. 보통은 비료를 땅에 뿌리면 밭에서는 질산태 질소 형태로, 논에서는 암모니아태 질소로 이온화된다. 그런데 질산태 질소는 과잉되면 여러 문제를 일으킨다.

먼저 문제가 되는 것은 염鹽이다. 염이란 소금NaCl만이 아니라 무기질인 칼슘Ca, 마그네슘Mg, 나트륨Na, 염소Cl 등이 염산HCL 또는 질산HNO_3과 결합된 것을 말한다. 바로 질산태 질소가 염을 많이 만들어내는데, 질산칼륨KNo_3, 질산나트륨$NaNo_3$ 등이 대표적이다. 질산염류가 흙에 많이 축적되면 우선 흙을 굳게 만든다. 흙이 굳으면 토양의 통기성이 나빠지고 수분 공급도 원활하지 못하게 된다. 또한 토양 속 수분의 염 농도가 높아지면 작물 뿌리가 삼투압 작용이 제대로 이루어지지 못해 물을 빨아들이지 못한다. 맨 땅에다 테니스장을 만들 때 땅을 딱딱하게 만들기 위해 소금을 뿌리는 것도 같은 원리다.

질산태 질소가 과잉되면 채소의 맛이 떨어진다. 옛날엔 맛이 지리다고 했다. 질산태 질소가 채소에 많이 흡수되면 유기산을 만들어내는 데 이것의 맛이 시고 떫다. 또한 질산태 질소가 과잉되면 우리 몸에 들어가 발암 물질인 니트로소아민으로 변하고 혈액에 흡착되면 혈액의 산소 운반 능력을 떨어뜨려 청색증이라는 병을 유발한다. 질산태 질소는 빗물에 용탈되어 지하수에도 많이 들어가 지하수를 오염시킨다.

퇴비와 녹비가 대안이다

화학 비료보다는 축분 비료가 더 좋다는 선입관이 있다. 물론 상대적으로 그럴 수는 있다. 그러나 화학 비료든 축분 비료든 땅속에 들어가면 질산태 질소로 변하는 것은 똑같다. 다만 그 양의 차이일 뿐이다. 축분 비료도 사실 꽤나 농도가 높은 질소질 비료다.

질산태 질소의 과잉을 예방하려면 퇴비를 많이 넣어 주어야 한다. 퇴비는 풀로 만든 거름이다. 퇴비에는 질산태 질소가 과다하지 않다. 풀로 만든 거름에는 셀룰로오스나 리그닌 같은 탄소질 성분이 많다. 탄소질 비료는 과잉된 질산태 질소를 잡아 두는 역할을 한다. 그래서 퇴비를 많이 넣은 밭에는 질산태 질소가 과잉되지 않아서 땅은 부드러워지고 채소는 감칠맛이 나는 건강에 좋은 음식이 된다. 그 밖에 퇴비가 좋은 것은 퇴비에는 미량요소가 풍부하며 토양 개량 효과도 갖고 있고 중금속 같은 유해 성분을 묶어 두어 채소에 흡수되지 않도록 해 준다.

오랫동안 화학 비료와 질소 위주의 축분을 많이 준 땅은 축적된 염류가 많기 때문에 깊게 뒤집어야 한다. 뒤집는 과정에서 산소를 공급해 주어 염류와 유해 가스를 날려 버리는 효과가 있다. 그러나 퇴비를 잘 준 밭은 땅을 뒤집지 않아도 괜찮다. 퇴비에 있는 풍부한 탄소질 성분들이 땅을 갈아 주는 효과가 있기 때문이다.

녹비는 퇴비보다 더 많은 효과가 있다. 녹비로 사용되는 대표적인 식물은 콩과와 벼과다. 콩과로는 헤어리베치와 자운영이 있고, 벼과에는 수단그라스와 호밀이 있다. 콩과는 거름기 별로 없는 새 땅에 좋고 벼과는 염류가 많이 축적된 땅에 좋다. 콩과 식물은 땅을 비옥하게 해 주기도 하지만, 더 의미 있는 작용은 흙을 떼알 구조로 만들어 주는 효과다. 반면 벼과 식물은 오염된 땅의 염류를 흡수하는 역할과 동시에 깊은 땅속까지 뿌리를 뻗어 땅속을 갈아 주는 효과가 있다. 또한 녹비는 잘 활용하면 제초 효과도 노릴 수 있다. 헤어리베치나 자운영은 논의 밑거름도 되어 주지만 땅을 장악하는 멀칭 효과가 뛰어나 제초에 좋다. 호밀도 마찬가지의 효과가 있다.

퇴비의 재료인 풀, 톱밥, 왕겨, 재나 숯 등은 잘 삭아서 부식되면 질소질 거름을 잡아 두는 역할을 한다. 흙이 거름을 잡아 둘 수 있는 능력을 '양이온 교환 용량cation exchange capacity: CEC'이라 하는데, 거름이라 하면 질소 거름의 대표인 암모늄NH_4^+, 칼슘CA^+, 마그네슘Mg^+, 철Fe^+, 망간Mn^+ 등처럼 대부분 양이온을 띤 것이 많아 음이온을 띤 흙과 부식이 이를 잡아 두는 것을 말한다. 그런데 전체 양이온 용량의 70퍼센트를 부식이 차지하며 흙에 비해서는 그 용량이 20배 이상 높다. 그래서 흙 속에 부식이 적으면 질소질과 양이온들이 결합해 염류를 만든다. 질소질 거름은 땅에 들어가 양이온인 암모늄 외에 질산태No_3^-로도 이온화되고 이것이 Ca^+, K^+, NH_4^+, Na^+ 등의 양이온과 결합해 칼슘질산CaNo₃, 염화칼륨KNo₃(초석), 염화암모늄NH₄No₃, 질산나트륨 NaNo₃ 등을 만들어 토양의 염류화를 촉진시킨다.

흙이나 부식은 전기적으로 마이너스라 이 양이온들을 붙잡아 질산태 질소와 결합하여 염류화되는 것을 막아 준다. 그중 부식은 그 용량이 흙보다 훨씬 더 커 양이온의 염류화를 더 잘 막아 낼 뿐만 아니라 양이온 거름을 작물에게 좋은 미네랄 비료로 만들어 준다. 퇴비를 적극 사용해야 하는 이유가 바로 여기에 있다. 퇴비는 질소질 과잉 피해 및 염류 피해의 예방 효과만 있는 게 아니다. 흙의 물리적 성질을 좋게 해 흙을 푹신푹신하게 해 주며, 흙 속에 미생물을 다량 증식시켜 주고 흙의 온도를 높여 준다. 퇴비를 위주로 했던 전통 농업의 중요성이 거름 문제에서도 드러나는 것이다.

질소질 거름을 적게 사용하는 농사는 가능한가

그럼에도 지금의 관행 농업은 퇴비보다는 왜 질소질 거름을 많이 주는 농사를 지을까?

첫째, 질소질 거름을 많이 주면 작물이 몸체를 크게 키우기 때문이다. 그러나 다 그런 것은 아니다. 특히 재래종 작물은 질소질 거름에 익숙지 않아 많이 주면 웃자라서 쓰러지는(도복) 문제가 있다. 질소질 거름을 좋아하는 종자는 육종한 개량종들이다. 말하자면 질소질 거름을 잘 빨아먹어 잘 크고 일찍 열매 맺고 수량도 많이 맺게끔 육종한 것이 대부분이다. 전형적인 관행 농업의 다수확주의와 아주 긴밀하게 연결되어 있는 문제다.

둘째, 질소질 비료를 많이 사용하면 덩달아 농약에 의존하게 되기 때문이다. 질소질 거름을 많이 주면 작물이 웃자라 병해충이 잘 낀다. 이렇게 되니 외부에서의 농약 투입이 필수 요소가 된다. "농약 없이 어떻게 농사짓나"라며 유기 농업에 대해 의문을 제기하는 것은 바로 이 때문이다.

셋째, 화학 약품에 의존한 다수확주의 관행 농업은 병해충 말고도 많은 문제를 야기하는데, 그걸 막기 위해 다양한 석유·화학 제품과 자재와 시설을 투입한다. 다수확은 단작單作을 필수로 하니 병해충도 많이 발생할 뿐만 아니라 풀 문제도 심각해져 제초제와 비닐 멀칭이 과잉 사용되고 철을 잊고 사시사철 똑같은 농산물을 생산하기 위해 비닐하우스를 비롯한 온실 시설이 넘쳐난다.

이렇게 문제가 있음에도 질소질 비료를 과잉 시비하며 농사를 짓는 것은 윤작·혼작 위주의 전통 농업 방식과 다르게 다수확·단작·광작廣作의 농사를 짓고 있기 때문이다.

옛날에는 질소질 거름을 많이 주지 않고 농사를 지었다는데, 왜 그랬을까?

우선, 질소질 거름 자체가 부족했다. 지금처럼 고기를 많이 먹지 않으니 대량 축산도 존재하지 않았다. 그저 집집마다 조금씩 키우는 몇 마리의 가축 정도니 똥 자체가 부족했다. 축분만 부족한 게 아니라 풀과 곡식이나 먹고 살던 시대인지라 사람들의 똥에도 질소질이 부족했다. 거의 풀만 먹는 소똥이나 매한가지였다.

둘째, 지금처럼 질소질 거름을 아주 좋아하는 개량종과는 다른 토종 종자로 농사지었다. 예컨대 벼 같은 경우 토종은 개량종에 비해 키가 매우 크다. 거의 두 배 정도다. 정확히 말하면 토종이 큰 게 아니라 개량종을 작게 만든 것이다. 몸을 키울 에너지를 이삭을 키울 에너지로 집중시킨 것이다. 토종 벼가 큰 것은 일단 빨리 몸체를 키워 주변을 장악하려는 것이다. 풀을 이기기 위한 전략이다. 개량종은 주변을 장악할 만큼 몸체를 크게 빨리 키우지 않으니 그 사이를 비집고 올라오는 풀은 제초제를 치든 손으로 매든 해야 한다. 그래서 토종 벼에게 개량종만큼 거름을 많이 주면 반드시 포기가 쓰러진다. 토종 벼는 몸체를 크게 키우는 데 에너지를 많이 쓰다 보니 개량종보다는 수량도 적을 수밖에 없다. 아무튼 이렇게 토종은 질소질 거름을 개량종 작물보다 적게 먹는다. 그러니 질소질 거름을 그렇게 많이 줄 필요가 없었다.

셋째, 지금처럼 거름을 많이 필요로 하는 농사 방법이 아니었다. 그러니까 요즘과 같은 다수확·단작·광작이 아닌 자급자족·윤작·소농식의 농사는 많은 질소질 거름을 필요로 하지 않는다. 전적으로 팔기 위해서 농사짓는 것이 아니니 수량이 많으면 좋지만 거기에 매달리지 않는다. 오히려 다수확보다는 위기를 피해 갈 수 있는 지속 가능한 농사를 더 중요시했다. 다수확을 싫어할 리는 없지만 위험을 무릅쓰고 다수확 농사만을 추구하지 않았던 것이다. 그러니 몇 천 평에 단일한 작물을 심는 단작·광작은 절대 없었다. 여러 가지를 번갈아가며 심었고 규모도 적었다. 단작·광작에는 일시에 많은 거름이 들어가야 하지만, 윤작은 같은 면적에서도 거름이 적게 들어가며 일시에 재배하는 게 아니라 번갈아 가며 작물을 재배하기 때문에 작물 간의 상호 작용을 이용하면 더욱 거름을 아낄 수 있다.

넷째, 그래서 결국 거름도 필요 없을 뿐만 아니라 거름을 만드는 작물을 적극 이용했다. 대표적인 것이 콩이다. 콩의 뿌리에는 거름을 만드는 미생물인 뿌리혹박테리아가 산다. 뿌리혹박테리아는 공기 중의 질소를 붙잡아 질소질 거름으로 만든다. 콩 자체도 아주 소중한 식량 작물이지만, 거름을 만드는 콩은 농자재이기도 하다. 이 콩을 다른 곡식들과 섞어지어 거름 효과를 낸다. 예를 들어 보리 수확 전에 콩을 심고 그 옆에는 또 목화를 심는다. 이른바 사이짓기인데 보리는 곧 수확하지만 목화는 콩이 만드는 거름을 먹고 자란다. 또 콩밭에 드문드문 수수나 옥수수를 심기도 한다.

콩 말고도 자운영이 있다. 자운영도 같은 콩과 식물로 질소질 거름을 상당히 생산한다. 주로 논에 사는데 봄에 꽃피었다가 씨를 맺어 떨어뜨리고 포기가 쓰러지면 바로 모내기가 행해진다. 자운영만으로도 질소질 거름을 주는 일 없이 농사가 가능하다. 옛날엔 자운영이 씨를 맺은 다음 벼 모를 냈기 때문에 이듬해 절로 자운영이 발아해 자랐지만 요즘엔 자운영 씨가 맺히기도 전에 벼 모를 내는 바람에 매년 중국에서 씨를 사다가 논에 뿌린다. 안타까운 일이다.

다섯째, 농사 부산물이 많은 작물을 재배하고 수확하고 난 후 그 부산물로 거름을 만들어 썼다. 곡식들이 대표적이다. 반면 채소들은 수확하고 나면 거름으로 쓸 만큼 부산물이 나오는 게 별로 없다. 있어도 물기 많은 잎사귀들이라 쭉정이다. 반면 곡식들은 이삭을 탈곡하고 나면 다 거름이다. 벼도 그렇거니와 수수, 조, 기장, 옥수수, 들깨 등도 마찬가지다.

그런데 요즘은 육식과 함께 채소의 수요가 늘어나 농가에서 너도 나도 채소 농사를 짓는다. 당연히 거름으로 쓸 부산물이 적다. 게다가 이런 채소 작물은 거름을 많이 먹는 다비성인데다 사시사철 비닐하우스에서 농사를 지으니 비료가 엄청 들어간다. 비료가 많이 들어가면 당연히 염류 축적이 많아져 땅이 망가진다. 땅이 망가지니 이상한 약품과 미량요소 등 다양한 개량제와 농자재가 투입된다. 이른바 고투입 농사를 짓게 되는 것이다.

똥을 중심으로 순환하는 농사

우리 조상들은 똥이 귀한 시절을 살았다. 밖에 나가 밥은 먹어도 똥은 반드시 집에 와서 누었다. 그러니 가축 똥이 귀한 것은 말할 것도 없었다. 가축을 키우는 주목적은 잡아먹기 위해서가 아니라 일꾼이자 거름꾼으로 쓰기 위해서였다. 소는 농부 한 사람 이상 가는 일꾼이었고, 돼지는 거름을 만드는 제조 공장이었다.

소는 사료를 먹고 사는 동물이 아니다. 생풀과 여물을 먹고 사는 동물이다. 풀을 뜯어다 먹이려면 지금처럼 풀이 지겨운 풀이 아니라 소중한 자원이었다. 소에게 먹일 풀에다 어떻게 제초제를 뿌리며 귀한 자원이 나지 말라고 비닐 멀칭을 하겠는가. 또한 소똥은 귀한 거름이자 건자재다. 풀을 먹고 싼 똥이라 독하지도 않으려니와 벽돌처럼 말렸다가 연료로도 쓰며, 집 벽이나 담을 칠 때 건자재로 쓰면 담벼락의 내구성이 높아진다. 제주도에서는 말똥이 소똥보다 더 좋았다. 말은 소보다 더 소화력이 뛰어나 나무 조각도 먹을 정도였으니 그 똥의 품질이 매우 뛰어났다. 불을 때도 오래 타고 벽과 담을 쳐도 그렇게 질길 수 없었다.

사람이 못 먹는 것은 모두 돼지에게 먹였다. 설거지물에서부터 음식물 쓰레기, 농사 부산물, 하다못해 사람 똥도 먹였다. 한자로 집을 뜻하는 가家 자에 돼지 시豕가 들어가는 것은 전형적인 농경문화의 상징이다. 돼지꿈이나 똥 밟는 꿈을 길몽이라 여긴 것도 이런 농경문화의 산물이다. 오죽 했으면 고스톱 화투짝 중에 똥패를 가장 좋은 것으로 여겼을까?

돼지도 못 먹는 것은 아궁이에게 먹였다. 연료로 먹인 것이다. 아궁이가 다 먹고 배설한 재는 또한 거름으로 쓰였다. 말하자면 비료 3대 요소 중 훌륭한 칼륨K 성분이다.

무엇 하나 자연을 오염시키는 쓰레기가 없었다. 집 자체가 논밭과 어우러져 하나의 순환 세계였다. 그뿐이랴. 산의 낙엽도 거름으로 쓰였다. 산의 낙엽이나 떡갈나무 잔가지와 잎사귀를 논 거름으로 많이 썼다. 모내기 전 논에 물을 대놓고 갈잎을 뿌려 놓으면 물이 벌겋게 들면서 부글부글 발효가 된다.

똥을 귀하게 여기고 똥을 중심으로 모든 것을 순환시키는 사회는 따로 친환경 농사이니 친환경 정책이니 하는 게 필요 없었다. 삶 자체가 그러했으니까. 그러나 지금은 똥이 넘쳐나는 사회를 사는데다 똥을 함부로 다루고 있으니, 사방이 똥 천지 쓰레기 천지다. 게다가 똥도 옛날과 달리 청정 재료가 아니다. 항생제, 중금속, 호르몬제 등으로 심각하게 오염되었다. 그런 똥으로 농사를 지으면 작물이 건강하기 힘들다.

옛날식으로 질소질 거름도 적게 주고 채소보다는 곡식 중심으로 소농 형태로 농사지으면 적은 수확량으로 수입이 적을 뿐만 아니라 일도 많을 텐데, 어떻게 그게 가능하냐고들 말할 것이다. 물론 쉽지 않은 일이다. 그렇다고 요즘 식의 상업농 형태로 농사짓는다 해도 농민에게는 희망이 없다. 지구온난화 시대가 본격화되면 더더욱 문제다. 바로 지금이야말로 더 늦기 전에 수확은 많지 않고 배불리 먹지는 못해도 순환적인 방법으로 자연과 공생하며 살고자 했던 조상들의 지혜를 다시 한 번 되돌아볼 때가 아닌가 싶다.

탄소질 거름과 질소질 거름의 차이 및 관계

탄소질 거름과 질소질 거름의 탄질비(C/N)를 외워 두면 거름 만들 때 도움이 된다. 가장 적절한 그래서 발효가 잘 되는 탄질비는 20~30이다. 그러니까 다음의 예시에 제시된 탄질비를 외워 두었다가 그것을 20~30의 탄질비로 맞춰 주면 발효가 잘 일어나게 된다.

예를 들어, 톱밥의 탄질비(200~750)를 일단 계산하기 좋게 200으로 보고 이를 20으로 맞춰 주는 게 발효 방법이다. 어떻게 하면 될까? 질소를 10배로 늘려 주면 된다. 무게로 했을 때 톱밥이 200킬로그램이 있다면 질소 재료를 10킬로그램 준비하면 되는데, 문제는 순수한 질소 재료는 없다는 것이다. 제시된 예 중에서 건혈분(마른 피가루)의 탄질비가 3이라는 것은 질소와 탄소가 3:1 곧 질소의 함량이 25퍼센트

탄소질이 높은 재료		질소질이 높은 재료	
	탄질비(C/N)		탄질비(C/N)
낙엽	40~80	다듬은 채소 찌꺼기	10~20
톱밥	200~750	과일껍질	20~50
부드러운 우드 칩	450~800	커피 찌꺼기	20
거친 우드 칩	200~1,300	잔디 부산물	10~25
부드러운 나무껍질	100~400	목화씨 깻묵	10
거친 나무껍질	100~1,200	건혈분	3
밀짚	50~150	말똥	20~50
신문지	400~900		
골판지	600		

라는 것이니 건혈분 40킬로그램 넣으면 10킬로그램의 질소를 넣는 것과 같은 셈이 된다. 그런데 문제는 또 있다. 건혈분으로 10킬로그램의 질소를 만들려다 보니 30킬로그램의 탄소질을 추가하는 꼴이 된다. 건혈분의 탄질비가 3이라는 뜻은 10킬로그램이 질소라면 나머지 30킬로그램이 탄소질이기 때문이다. 결국 230킬로그램:10킬로그램의 탄질비가 되니 정확히 맞는다고 할 수 없다. 그런데 대체로 20~30이 적당한 탄질비의 영역이므로 230킬로그램은 23:10이므로 적당한 탄질비 영역에 해당되어 크게 문제는 없다 하겠다.

직파법

 보통 모苗 이앙법은 농업 생산력의 중요한 발전으로 평가되곤 한다. 조선 시대의 벼농사에서 세종 때부터 모내기 이앙법이 시작되었지만, 16세기 후반에 일반화되었다고 한다. 그러니까 조선 시대 후반에야 선진적 농법인 이앙법이 널리 보급되었다는 이야기다.

 지금은 모 내지 않는 작물이 거의 없을 정도로 농법이 꽤나 선진화된 것처럼 보인다. 고추·오이·호박 등 과채류를 비롯해 벼·수수·옥수수·조 등 벼과 작물과 콩과 작물, 배추·상추와 각종 잎채소, 대파·양파 같은 양념채소, 고구마·들깨 등 거의 모든 작물을 모를 내어 키운다. 거의 모종을 하지 않았던 작물, 그러니까 무·홍당무·알타리 등과 같이 뿌리를 먹는 것들조차 요즘엔 모종을 한다. 단 마늘·쪽파·토란·감자 등과 같이 구근球根·종근種根으로 번식하는 작물은 직파를 한다.

 왜 모를 키워서 재배할까? 모를 키우면 손도 더 가고 일도 많고 돈도 더 많이 드는데 말이다.

 일단 모를 키워 모종하는 첫 번째 이유는 생육 기간을 늘릴 수 있는 장점 때문이다. 대표적인 여름작물인 과채류들, 예컨대 고추·오이·호박·토마토 등은 열대 식물에 속하기 때문에 서리가 내리지 않아야 심을 수 있다. 그러나 이것들을 서리 피해가 없는 온실에 심고 모를 키웠다가 서리가 가시고 나서 한데(노지)에 내다 심으면 생육 기간을 한 달 이상 늘릴 수 있다. 생육 기간이 늘어나니 더 크게 자라서 자연스레 열매도 더 열리게 된다.

고추는 서리 내리는 시기가 지난 후 직파하면(실제로는 서리 그치기 전에 심어 서리가 끝나면 발아가 되게끔 맞춘다) 잘 해야 사람 무릎 정도 크는데, 온실에서 모를 내어 옮겨 심어 키우면 사람 키보다 더 크게 키울 수 있다. 벼를 비롯한 벼과 작물도 비슷하다. 그렇다고 고추처럼 온실에서 모를 키우는 것은 아니다. 논 한 구석에 모판을 만들어 모를 키우면서 물을 가둬 두면 물이 자연스레 보온 역할을 한다.

모를 키워 옮겨 심는 두 번째 이유는 아마 제초 때문일 것이다. 씨를 직파하면 아무래도 작물들은 자기보다 더 강력한 풀과의 전쟁을 톡톡히 치러야 한다. 작물은 결코 풀을 이길 수 없다. 사람 손을 탄 것과 그렇지 않은 것의 근본적인 차이다. 풀을 다 매고 나서 작물 씨를 심어도 풀이 먼저 나온다. 나중에 난 풀도 금방 작물을 따라잡는다. 그런데 풀을 매고 작물을 한 뼘만 하게 모종을 키워 심으면 풀과의 경쟁에서 어느 정도 유리한 고지를 점할 수 있다.

세 번째 이유를 들자면, 콩 같은 경우처럼 새 피해를 피하기 위해서

일 것이다. 특히 메주콩은 까치나 비둘기의 피해를 가장 심하게 받는다. 콩을 심어 놓으면 어떻게 알고 찾아와 잘도 파먹을 뿐만 아니라 싹이 난 떡잎도 기가 막히게 잘라 먹는다. 비닐 온실이나 망을 씌워 모종을 키워 속잎이 두세 개 났을 때 옮겨 심으면 새가 먹을 일이 없으니 새 피해를 막는 가장 확실한 방법이 모종내는 일이다.

이렇게 모종을 키워 심으면 좋은 장점도 있지만, 무슨 일이든 다 그렇듯이 단점도 있기 마련이다. 가장 먼저 꼽을 수 있는 것은 병충해에 약하다는 점이다. 모종을 키워 옮겨 심으면 대부분 원뿌리 곧 직근인 곧은뿌리가 잘리거나 잘리지 않아도 옮기면서 타격을 입어 제대로 자라지 못한다. 모든 식물이 다 그렇듯이 지하부의 뿌리와 지상부의 줄기는 균형 있게 큰다. 뿌리와 줄기가 거의 같다고 보면 된다. 그런데 모종을 키워 옮겨 심으면 뿌리가 타격을 입는다. 위아래의 균형이 깨지는 순간이다.

"뿌리가 타격을 입으면 지상부가 제대로 자랄까?" 시쳇말로 참 좋은 질문이다. 곧은뿌리는 광합성 생산물을 저장하는 역할뿐만 아니라 작물의 지상부가 잘 버티도록 도와주는 지주 역할도 한다. 기존의 모종 이론 입장에선 원뿌리가 타격을 입으면 잔뿌리가 발달해 영양을 빨아들이는 힘이 세져서 생육이 왕성하고 열매도 많이 맺는다고 보는 것 같다. 특히 고추 같은 천근성 작물이 그렇다고 한다. 또한 잔뿌리가 무성하게 발달해 흙을 강하게 물고 있으면 오히려 벼가 튼튼하게 자란다고도 한다. 말하자면 단근斷根을 해 주어 잔뿌리의 발근을 촉진하는 방식이다.

전통 농법을 공부한답시고 어르신들을 만나 물어봤다.

"왜 옛날엔 직파를 했지요?"

"…. 온실도 없었고, 모종 기술도 별로 없었지 뭐."

"옛날에도 고추에 지주와 끈을 띄워 주었나요?"

"그냥 키워 먹었어. 쓰러지면 쓰러지는 대로."

"옛날엔 병해충 피해를 어떻게 해결했지요?"

"…. 옛날엔 병해충이 별로 없었어."

기다렸던 흔쾌한 대답은 얻지 못했지만 그래도 만나는 어르신들께 똑같은 질문을 했다. 그리고 하나둘씩 약간의 단서들을 얻을 수 있었고 거기에 상상을 덧대어 조금씩 실험을 해 봤다. 그러니까 '옛날엔 왜 지주와 끈을 띄우지 않았을까'에 대해서 나름대로 내린 답은 '별로 크질 않으니까'였다. '왜 별로 크질 않을까'에 대해서는 '직파를 했기 때문에 곧은뿌리가 그대로 살아 있고 수염뿌리가 무성하지 않았고, 수염뿌리가 빨아들일 거름도 부족하고 게다가 뿌리가 감당할 만큼만 지상부를 키우기 때문일 것이다'라는 추론에 이르렀다.

바로 실험에 들어갔다. 개량종이 아닌 토종으로 했다. 개량종은 모종 농법에 익숙한 종자이기에 직파에 익숙한 토종으로 했다. 그랬더니 재미있는 특징이 나타났다. 직파한 작물에서는 곁순이 별로 나오지 않았다. 경험해 본 사람은 누구나 알듯이 모종을 내면 곁순이 많이 나온다. 때를 놓치면 어느 게 원줄기이고 어느 게 가지인지 분간이 가지 않는다. 그런데 직파를 했더니 곁순이 거의 나오지 않거나 나와도 원줄기가 버틸 만큼만 나온다. 당연히 제거하지 않아도 되었다.

토종 일부를 모종도 했다. 재미있는 결과는 모종한 토종도 곁순이 꽤 나온다는 것이다. 직파한 것은 거의 나오지 않았는데 말이다. 게다가 모종한 고추에 탄저병이 금방 발생했는데, 직파한 고추에는 탄저병이 생기지 않았다. 아니 정확히 말하면 한 포기가 병에 걸렸다. 전체 100여 포기 중에서. 모종한 고추에는 친환경 약재인 목초액을 5~6번 살포해 주었지만 직파한 고추에는 한 번도 주지 않았다. "옛날엔 병 없었어" 했던 할아버지 이야기가 증명된 셈이다. 물론 당연히 직파한 고추는 무릎 정도밖에 자라지 않았고 생산량도 채 반이 안 되었다. 별로 자라지 않아 키가 작으니 쓰러져도 별로 피해도 없거니와 흙으로 북돋아 주면서 세워 주면 그것으로 끝이었다.

그런데 모종해서 생산량도 높이고 병해충 발생도 높이고 친환경 약재든 화학 농약이든 뭔가를 살포해 주고 지주 세우고 끈 띄우는 것과, 생산량은 반이지만 병해충 발생은 현저히 적고 아무것도 살포하지 않고 지주도 끈도 띄워 주지 않는다면 어느 방식이 나을까? 한 번 진지하게 고민해 볼 문제다. 현재 나는 친환경 농법 기준으로 60퍼센트 정도의 수확량만 얻어도 성공이라 보고 몇 년째 50퍼센트에도 못

미치는 수확량 때문에 고군분투하고 있다.

몇 년 전 5만 평이나 되는 밭에서 호밀을 심고 그 사이에 콩을 직파하는 농부를 우연히 만났다. 콩의 새 피해는 총으로 해결한다고 했다. 총으로 쏴서 맞추는 게 아니라 공포탄처럼 큰 소리를 내면 새들이 범접을 못한다는 것이다. 일주일만 그렇게 해 주면 별로 피해가 없단다. 나는 그것에는 별 관심이 없고, 호밀은 어떻게 심느냐고 했더니 점뿌림 직파를 하는데 뭉텅이로 넣어야 한다는 것이다. 차 한 숟갈 정도 되는 분량이다. 왜 그렇게 하느냐고 물었더니 그래야 콩나물처럼 뿌리가 밑으로 무성하게 뻗어 내려 튼튼하게 자란다는 것이다.

그동안 밭벼를 줄뿌림이나 모내기를 하면서 별로 재미를 못 보던 처지라 그 이야기가 귀에 확 들어왔다. 하기는 밭벼를 처음 배울 때 가르쳐 주신 분이 좀 많다 싶게 볍씨를 점뿌림해야 한다고 했던 말이 그제야 떠오르기도 했다. 이유는 몰랐지만. 그런데 콩나물처럼 뿌리가 뭉텅이로 깊게 내린다는 말이 관심을 불러일으켰다.

가을에 밀 직파할 때와 그 이듬해 봄에 밭벼를 직파할 때 바로 실행에 옮겼다. 혹시나 하고 듬뿍 차 한 숟갈씩 점뿌림을 했다. 결과는 기대 이상이었다. 밀은 너무 밀식하여 나중에 적당히 솎아 주었더니 이내 균형을 찾아 갔다. 풀매기는 채 두 번도 하지 않았다. 포기는 매우 실하고 무성했다. 거름은 파종 후 흙 대신 완숙 퇴비로 한 구멍에 한 주먹씩 덮어 준 것과 봄에 두 번 오줌 웃거름 해 준 것이 전부였다.

생산량은 1.5배 가까이 나왔다. 놀라운 일이었다.

밭벼는 더 재미있었다. 이삭이 익어 가고 있는 밀 사이에 밭벼를 점뿌림했다. 이른바 사이짓기다. 그렇게 파종하고 있는데 마을 어르신이 도와준다며 오셨기에 뭉텅이 점뿌림법으로 심어 달라고 했다. 그랬더니 나중에 번거롭게 솎아 주어야 하니 그러지 말고 호미로 씨 심을 구멍을 좀 크게 파서는 흩어 뿌리라고 하셨다. 도와주시는 분한테 잔소리는 할 수 없고 나도 확신할 수 없는 상황이라 그냥 어르신 하시는 대로 두고만 봤다. 물론 나는 은근 슬쩍 뭉텅이 점뿌림을 했지만 손놀림이 빠른 어르신이 훨씬 많이 심으셨다. 그리고 한 달 뒤 완두콩·강낭콩 사이에도 사이짓기로 밭벼를 뭉텅이 점뿌림했다.

그런데 나중에 벼 싹이 올라오는 걸 비교해 보니 볍씨 사이를 조금이라도 벌려 심은 곳에는 벼 사이사이마다 피가 올라와 보물찾기 하듯 찾아가며 피를 뽑아야 했다. 반면 뭉텅이 점뿌림 벼에는 피가 비집고 올라올 틈이 아예 없었다. 게다가 뭉텅이로 넣었더니 지들끼리 부대껴서 힘차게 위로 밀어 올라오니, 피는커녕 다른 풀들보다도 벼가 먼저 올라오는 게 아닌가? 풀매기도 세 번밖에 해 주지 않았다. 마을 어르신이 이를 보고 "이렇게 하면 좋은걸, 왜 옛날엔 흩어 뿌렸는지 몰라" 하신다.

그런데 밀과는 달리 벼를 뭉텅이로 심었더니 장마 때 너무 무성해 솎아 주지 않을 수가 없었다. 솎은 것은 버리지 않고 1차 풀매기를 하며 구멍 난 곳에 모내기를 했다. 직파한 것에 비해 힘은 좋지 않지만 그래도 죽지 않고 잘 살고 있다. 그래서 결론은, 밭벼는 밀처럼 많이 밀식하지 말고 10알쯤 점뿌림하면 되겠다는 것이었다.

그리고 이제는 모든 작물을 직파하기로 결심을 굳혔다. 아직 확신할 단계는 아니지만 주변 지인들의 경험까지 종합해 볼 때 직파를 하면 좋은 점은 다음과 같다.

첫째, 병해충에 강하다. 곧은(원)뿌리가 살아 있어 생명력이 강하기 때문이다.

둘째, 일이 적다. 모종 키우는 일도 생략되고 옮겨 심는 것도 생략되기 때문이다. 게다가 괜히 돈 들여 힘들여 상토 만들 일도 없고, 썩지도 않는 포트나 비닐 모종컵을 쓰지 않아서 좋다.

셋째, 풀매기 때문에 모종한다지만 뭉텅이 직파법을 쓰면 모종 농법에 비해 결코 풀매기가 어렵지 않다. 옛날에도 뭉텅이 직파법을 썼는지 아직 알 수 없지만, 전통 농법을 그대로 따르는 것이 아니라 그것을 이어서 한 단계 발전시키는 것이 온고지신일 것이다.

넷째, 생산 효율이 적은 것은 확실하지만 그에 비해 노동 효율이 높다면 한 번 더 적극적으로 연구해 볼 만한 방법이다. 게다가 양은 적더라도 질이 높다면 더 관심 있게 시도해 볼 만한 일일 것 같다.

밭벼를 직파해서 풀보다 힘차게 올라오는 걸 보고 들어온 날, 저녁밥상에서 아내에게 자랑을 늘어놓았더니 '농촌진흥청에서 벼 직파법

성공'이라는 뉴스가 보도되었다는 것이 아닌가? 아니 이게 웬일? 황당해 하며 밤 9시 뉴스를 보니, 이앙기를 변형해 직파할 수 있게 만들고 점뿌림으로 10알 정도씩 넣어 재배하면 노동 효율은 8퍼센트 절감되는 반면 생산량은 모내기한 것과 차이가 없다는 내용이었다. 앞으로 이 직파법을 농가에 적극 보급할 계획이라는 것까지 곁들여 보도하고 있었다. 김새는 면이 없지 않았지만 아무튼 반가운 일임에는 틀림이 없다. 다만 제초제는 치지 않는지, 그렇다면 풀매기는 어떻게 하는지 등이 자세히 보도되지 않아 아쉬웠다.

  몇 년 전엔 회원 한 분이 30평 정도 되는 논을 만들었다. 내가 제안을 해서 자광미라는 토종 종자로 뭉텅이 점뿌림을 했다. 마른 상태에서 직파를 하고 부엽토로 피복해 그것으로 밑거름을 다하고, 발아가 잘 되라고 물을 넣었다 뺐다 해서 발아된 다음부터는 싹이 자라는 높이대로 물을 넣었다. 한 뼘 정도 자랐을 때 손으로 김매기를 하고 왕우렁이를 1킬로그램 사다 넣었다. 계곡 찬물 대책을 미흡하게 세워 관수구에는 냉해와 도열병 피해를 보았지만 안에는 이삭이 잘 팼다. 면적이 클 경우 초벌 김매기를 어떻게 해야 할지는 역시 숙제로 남아 있다.

다시 이앙법(모종법)으로

 직파에 매료되어 몇 년 동안 직파로만 농사를 짓다 다시 점점 모종이 늘다가 요즘은 거의 모종에 의존하고 있다. 여전히 마음속으로는 '직파가 좋지" 하면서도 겉으로는 모종을 하고 있다. 참으로 나라는 사람은 표리부동한 존재인 것만 같다.
 왜 다시 모종을 하게 되었을까? 앞에서 말했던 이유인데, 바로 풀 문제 때문이다. 앞에서 결코 모종한 것이 풀에 강한 게 아니라 했다. 오히려 직파한 것이 더 풀에 강하다 했다. 이 말은 여전히 틀리지 않다. 그럼에도 풀 문제 때문에 다시 모종법을 선택한 것은 윤작 때문이다.
 앞의 '다시 경운법'에서 일부 언급했지만, 풀 문제를 해결하는 가장 근본적인 방법은 흙을 한시라도 빈 땅으로 방치하지 않는 것이다. 앞에서 다양한 멀칭법을 소개했다. 풀이나 낙엽으로 멀칭하든, 논처럼 물로 멀칭하든, 겨울 되기 전 깊게 흙을 갈아 흙으로 멀칭하든, 무슨 수를 써서라도 흙을 덮어 외부에서 풀씨가 날아와 자리 잡지 못하도록 하는 것이다.
 그런데 이런 멀칭 말고 빈 땅으로 방치하지 않는 방법이 바로 늘 작물을 심는 방법이다. 굳이 말하자면 작물 멀칭이다. 작물을 끊임없이 이어서 심으려면 직파법보다 모종법이 한결 수월하다. 앞 작물을 수확하고 바로 다음 작물을 심어 땅이 비지 않게 하려면 수확 전에 뒤 작물의 모종을 미리 키워 두었다가 앞 작물을 거두자마자 바로 모종하는 것이 효율적이다. 앞 작물을 거두고 뒤 작물을 직파하면 싹이 나서 자리 잡는 데까지 한동안 땅이 비게 되고 그 틈에 외부에서 풀씨가 날아와 자리 잡을 가능성이 커진다. 물론 직파로도 방법은 있다. 사이짓기가 그것이다. 앞 작물을 수확하기 전 미리 작물 사이사이에 뒤 작물 씨를 직파하는 것이다. 그리고 뒤 작물 씨가 발아하고 속잎이 본격적으로 나올 때 앞 작물을 수확하면 땅은 비지 않게 된다.

 나도 이 사이짓기를 몇 번 실행해 봤다. 그런데 몇 가지 결정적인 문제가 있었다. 사이짓기한 작물이 앞 작물 그늘에 가려 콩나물처럼 웃자랄 위험이 꽤 컸다. 그리고 앞 작물을 수확할 때 싹이 나서 막 자라고 있는 어린 뒤 작물을 건드리지 않고 작업하는 게 보통 신경 쓰이는 게 아니었다. 사이짓기를 감안해 앞 작물의 포기 간격을 좀 더 넓혀 심어야 하는 일도 맘에 걸리는 일이다. 넓어진 작물 사이로 풀이 자리 차지할 우려 때문이다.

 그래서 앞 작물을 수확하기 전에 뒤 작물의 모종을 육묘장에서 키워 놓고 수확하자마자 뒤 작물의 모종을 심어 버리면 땅을 비우지 않아도 되어 풀이 비집고 들어오기 힘들게 되는 것이다. 이렇게 이모작(윤작)으로 풀 문제를 해결하니 누가 이렇게 표현해 주었다. "음~ 작물 멀칭이네."

 이렇게 모종으로 윤작을 이어 가는 방법 중에 특별한 것은 바로 마른 모내기법(건답 이앙법)이다. 자세한 내용과 경험을 다음의 벼 이야기에서 소개할 테니, 여기에서는 간단히 짚고만 넘어가자. 아무튼 앞 작물로서 겨울의 땅을 지켜 온 보리나 밀을 거두고 벼 모를 심어야 하는데, 하늘에서는 비 한 방울 내릴 낌새가 없고 모판의 벼 모는 웃자라고 있으니 어떻게 할 것인가? 하는 수없이 말라 있는 논에라도 괭이로 골을 내어 심는 수밖에 없지 않겠는가? 이렇게 하면 가뭄에 심는 벼 모가 말라죽고 말 텐데 괜찮을까? 해결책은 때에 있다. 밀이나 보리를 수확하면 곧 24절기로 하지가 되고 하지가 지나면 머지않아 장맛비가 내릴 것이기 때문이다.

그러나 자랑으로 내세울 일은 아니지만 모종법을 적극 사용하게 해 준 것은 좋아진 관개시설 덕분이라는 것을 인정하지 않을 수 없다. 장맛비를 기대하고 마른 모내기를 한다지만 매번 곧바로 내리는 것은 아니니 사실 위험한 경우가 많다. 모내기를 해 놓고 일주일 안에 비가 오지 않으면 진짜 말라죽을 가능성이 많다.

요즘에 마른 모내기를 하는 가장 큰 이유는 물이 없어서가 아니라 모내기를 덜 힘들게 하기 위해서다. 사실 물을 담아 놓고 모내기를 한다는 것은 적잖이 힘든 일이다. 물을 댄 논의 질퍽거리는 흙을 밟으며 쭈그려 앉지도 못하고 허리 굽혀 모를 낸다는 것은 보통 힘든 노동이 아니다. 여럿이 함께 협동 노동을 하지 않으면 일을 끝내기가 참으로 힘들다. 그런데 논이 밭처럼 말라 있으면 훨씬 모내기가 수월하다. 물론 무논처럼 모를 꽂기만 하면 되지 않고 일일이 흙을 덮어 주어야 하는 게 번거롭지만, 그 외에는 물 없는 마른 흙을 밟고 일하는 것이 훨씬 낫다. 물론 기계 이앙은 불가능하다.

관개시설은 잘 갖추어져 있으니 모내기를 끝내면 바로 스프링클러를 틀어 벼 모 전체에 고르게 물을 공급해 주면 가뭄 걱정은 끝이다. 스프링클러는 전통 농법이 아니기에 그리 자랑할 만한 일은 아니니 역시 모종 농법은 한계가 있는 방법이긴 하다. 직파를 하면 가뭄을 이길 수 있겠지만 밀·보리를 수확하고 나서 직파하면 때가 늦으니 어쩔 것인가?

천수답

가뭄은 농사짓는 데 꼭 넘어야 할 관문이다. 우리나라 환경은 결코 농사짓기에 좋지 않다. 고온·다습이라는 여름 몬순기후에다 한랭·건조라는 겨울 기후는 사실 극한 조건이라 할 만하다. 한여름에는 영상 30도를 웃돌고 한겨울에는 영하 20도까지 떨어지기는 등 연교차가 최대 50도나 된다. 한여름에는 덥기만 한 게 아니라 습도도 높아 작물이 병에 잘 걸린다. 또한 추우면서 건조한 한겨울을 어느 생명도 쉽게 건너기 힘들다.

게다가 흙도 결코 좋지 않다. 우리나라의 토양은 일본의 화산토나 유럽의 빙하 퇴적토에 비해 지력도 척박할 뿐만 아니라 산성암인 화강암이 흙의 모재여서 강산성 토양이다. 장점을 들라면 좋은 물과 맑은 공기쯤일 것이다. 물론 이는 상당히 좋은 조건임에 틀림없다. 아무튼 강산성 토양에다 암석이 풍화되어 형성된 흙이다 보니 토심도 낮은 편이다. 전국 어디나 땅을 팠다 하면 돌이 나올 정도다.

이 글에서는 우리나라 기후의 특징 중에서 장마와 반대되는 가뭄을 다뤄 보고자 한다. 모든 이치가 다 그렇듯이 기후 또한 양면성이 있어 장점이 있으면 단점도 있기 마련이다. 우리의 장마는 일시에 엄청난 비가 쏟아지는 폭우성 장마여서 작물에게는 아주 치명적이다. 그중에서도 특히 채소류는 그 장맛비를 버텨 낼 재간이 없다. 반면 그 엄청난 비를 맞고 무럭무럭 잘 자라는 것이 있으니 바로 벼를 비롯한 곡식들이다.

마찬가지로 가뭄도 양면적이다. 나쁜 게 있으면 좋은 것도 있다. 가뭄은 보통 초여름과 늦가을에 오는 경우가 많은데, 초여름 가뭄은 24절기로 소만과 망종 즈음에 온다. 이때의 가뭄은 밀과 보리의 이삭 영그는 데 좋다. 이삭이 영글고 맛이 들려면 햇빛도 좋고 되도록 맑아야 하기 때문이다. 반면 이때의 가뭄은 마늘, 양파, 감자 등에는 좋지 않다. 이 작물들은 뿌리에서 알이 굵어져야 하는데 반드시 수분이 충분히 공급되어 주어야 한다.

초여름에 내리는 비에 웃고 가는 놈과 울고 가는 놈이 있으니 바로 벼와 도토리다. 이때 비가 오면 논에 물을 가두기 쉬워 벼 모내기에 좋다. 이때 제대로 비가 오지 않으면 하지 이후의 장마까지 기다려야 한다. 반면 이때의 비는 도토리나무가 꽃을 피울 때라 수정하는 데 방해가 된다. 곧 가물면 도토리꽃이 수정하기 좋고 비가 오면 벼 모내기에 좋다.

도토리가 구황식물로 주목받는 것은 바로 이런 이유 때문이다. 가

물어 벼 모내기가 어려우면 가을에 흉년이 들지만, 가문 탓에 수정을 잘 하여 풍년을 기약한 도토리 열매가 흉년으로 인한 인간의 허기를 채워 줄 수 있는 것이다. 옛말에 도토리는 들녘을 살펴보고 열매를 맺는다 했는데, 바로 들녘이 가물면 열심히 열매 맺을 준비를 하고 들녘에 비가 잘 오면 열매 맺을 필요가 없다는 이야기다.

가을에도 가뭄철이 있으니 추분 이후 한로와 상강 즈음해서다. 가을 가뭄에도 웃고 가는 놈과 울고 가는 놈이 있다. 벼를 비롯한 곡식들은 웃고 가고, 배추와 무처럼 수분을 많이 필요로 하는 놈들은 울고 간다. 벼와 같이 이삭을 달고 가을을 기다리고 있는 곡식들은 햇볕이 쨍쨍 내리쬐고 맑아야 제대로 영글어 간다. 여름처럼 습하면 좋지 않다. 당연히 바람도 적당히 불어야 좋다. 그러나 이런 쾌청한 가을 날씨는 배추와 무에게는 그리 좋지 않다. 배추와 무는 이 시기에 알이 굵어지는지라 적당히 비가 내려 주어야 한다.

자연은 인간에게 두 가지 선물을 다 주지 않는다고 한 말이 이를 두고 한 것인데, 사실 따지고 보면 한 가지는 꼭 준다는 것이기도 하니 자연은 인간을 배불리지는 않아도 절대 굶기지 않는다는 뜻이기도 하다. 물에 비친 뼈다귀까지 집어삼키려다 입에 물고 있는 뼈다귀마저 놓치고 만 미련한 개가 되지 않으려면 절대적으로 주어지는 하나에 만족할 필요가 있지 않을까?

그렇다고 이 가뭄을 무조건 눈 뜨고 구경만 하자는 것은 아니다. 욕

심을 부려 두 가지 다 배부르게 먹으려는 것은 아니지만 그래도 자연의 이치에 거스르지 않으면서 최소한 할 수 있는 것은 해야 한다. 스프링클러 같은 관개시설을 이용해 인위적으로 물을 뿌려 준다든가, 비닐하우스를 이용해 비를 강제로 피하게 하는 인공적인 방법들은 결국 두 가지를 다 잃을 수 있는 위험을 안고 있다. 자연의 이치를 거스르지 않고 잘 이용하면 두 가지 다를 얻을 수도 있고 아니면 최소한 하나는 얻을 수 있다. 그런 이야기를 해 보려 하는 것이다.

첫째는 모종보다는 직파를 해야 작물을 가뭄에 강하게 키울 수 있다. 모종하여 옮겨 심으면 가뭄에 약하다. 모종을 하면 일단 뿌리가 약해지기 때문에 땅속 습기를 빨아올릴 수 있는 깊은 뿌리를 내릴 수가 없다. 모종을 키워 보거나 심어 본 사람들은 알 것이다. 포트에서 모종을 흙째 빼내 보면 뿌리가 뻗을 때가 없어 흙 주변을 빙글빙글 감고 있음을 볼 수 있다. 이 모종을 한데 밭에다 심으면 뿌리가 새로 나야 한다. 기존 뿌리는 더 이상 흙 속으로 깊게 내릴 수가 없다. 반면 직파를 하면 처음부터 뿌리를 깊게 내린다. 그것도 옮겨 심지 않으니 그 뿌리가 안전하게 계속 땅속으로 뻗을 수 있다. 게다가 육묘장에서 키울 때는 농부가 매일 물을 주지만 한데 밭에는 농부가 물을 매일 주지 않으니 스스로 땅속의 깊은 물을 먹기 위해 뿌리를 깊게 내려야 한다. 자연히 직파한 작물은 뿌리를 깊게 내릴 뿐만 아니라 뿌리의 가짓수도 많이 뻗어야 한다. 뿌리가 깊고 무성해지는 것은 당연한 일이다.

깊고 무성한 뿌리는 땅속의 수분을 잘 빨아올릴 뿐만 아니라 깊은 땅속의 무기질 양분 곧 미네랄을 잘 빨아올린다. 당연히 땅 표면 가까이 농부가 뿌려 준 거름을 먹고 자라는 작물보다 더 건강한 작물이 된다.

둘째는 깊이갈이보다 호미질 깊이 정도로 얕게 땅을 갈아 주는 게 가뭄을 이기는 데 도움이 된다. 흙을 그냥 놔두면 절로 물길이 만들어진다. 말하자면 모세관 같은 것이 저절로 형성되어 깊은 땅속의 습기를 끌어올린다. 이런 물길은 땅을 갈면 모두 끊어진다. 따라서 작물의 뿌리 깊이보다 깊게 갈면 작물이 가뭄을 탄다. 깊은 경운을 하면 뿌리 깊이보다 더 깊은 곳에서 물길이 끊어져 뿌리가 빨아들일 물이 없어지기 때문이다. 반면 표토 부근에서 호미질 정도로 얕게 갈면 물길은 충분히 작물 뿌리까지 닿으면서도 표토로 수분이 날아가지 않는다. 표토 부근에서 물길을 끊어 주었기 때문이다. 반면 깊이갈이는 작물을 수확한 후 늦가을이나 겨울이 되기 전에 해 주는 게 좋다. 그러면 겨우내 얼었다 녹았다 하면서 흙의 구조가 안정화되고 물길이 새로 생성되어 충분히 작물 뿌리까지 땅속 수분을 공급할 수 있게 된다. 봄이 되면 흙이 아주 부드러워지기 때문에 호미질 정도로 얕이갈이를 하여 파종할 수 있을 정도면 된다. 결국 '깊이갈이는 늦가을 수확한 후 바로 하고, 얕이갈이는 봄 파종하기 전에 한다'고 정식화할 수 있다.

셋째는 파종을 골에다 해야 가뭄을 이길 수 있다. 요즘에는 다들 비닐 멀칭을 하기 때문에 두둑 위에다 파종을 하거나 모종을 한다. 이것이 고정관념이 되어 골에다 파종하는 것을 아주 낯설게 생각한다. 그럼 왜 골에다 파종을 해야 할까? 상식적으로 볼 때 골보다는 두둑이 더 가물기 마련이다. 두둑은 표면적이 넓고 위로 돋아 있기 때문이다. 골은 낮고 좁아 습기가 머물기 좋다. 이렇게 골에는 습기가 있기 때문에 발아도 잘 되고 초기 생육에도 좋다. 그러나 어느 정도 자라면 북을 주어야 한다. 당연히 골과 골 사이 두둑의 흙을 뭉개어 골에 심은 작물에다 북돋아 주기를 하므로 작물은 두둑 위로 올라오고 작물과 작물 사이의 두둑은 뭉개져서 골이 된다. 위치가 바뀌는 것이다.

이 방법은 조선 후기인 18세기에 저술된 홍만선의 『산림경제』와 서유구의 『임원경제지』에 서술되어 있는데, 두둑과 골이 서로 바뀐다 해서 대전법代田法이라 했고, 또한 골畎에다 심는다 해서 견종법畎種法이라 했다. 우리말로 하면 골뿌림법이라 할 수 있다. 비슷한 시기에 영국의 농학자 제스로 툴은 『말을 이용한 새로운 농업』[*]이라는 저서에서 이 골뿌림법을 주장했으니, 시기의 일치함이 공교롭지만 재미있다.

넷째는 되도록 인위적인 관개를 절제하고 자연의 비와 절로 올라오는 땅속의 습기를 이용한다. 요즘에는 지하수를 이용하지 않는 농사가 없을 정도다. 지하수가 고갈될 정도로 퍼 쓰고 있으니 그 낭비가 심각하다. 지하수의 수위가 낮아지니 절로 분출되는 용출수가 줄고

---

[*] Jethro Tull, *The New Horse-Houghing Husbandry*(1731). 하인리히 E. 야콥, 『육천 년 빵의 역사』, 곽명단·임지원 옮김, 우물이있는집, 2019, 449쪽에서 재인용.

덩달아 표토수도 메말라 간다. 지하수는 온도도 낮아 이를 직접 스프링클러 같은 시설로 관개해 주면 작물에 타격을 줄 수 있다. 스프링클러식 전면 살포는 작물 건강에도 좋지 않지만 땅을 더 메마르게 한다. 뜨거운 햇볕 아래 살포하는 물은 오히려 마중물 효과를 내어 땅속 습기를 빨아올릴 뿐만 아니라 빨아올릴 때 함께 염류도 빨아올려 장기간 계속되면 표토에 염류를 축적시킬 수 있다. 또한 지하수에는 중금속이 녹아 있는 경우가 적지 않아 다른 피해를 가져올 수도 있다.

지하수보다는 좋을지 모르지만 댐이나 보 시설로 표토수를 가두어 관개하는 것도 그리 좋은 방법이라고만 보지 않는다. 댐이나 보 같은 시설로 흐르는 강물을 막는 것은 하나를 얻고자 둘을 잃는 과오를 범할 수 있다. 대표적인 예가 이집트 나일 강 상류에 세워진 아스완 댐이다. 이 댐의 건설로 나일 강 범람을 막았다고 자랑하지만 나는 다르게 본다. 나일 강은 범람해야 강 주변이 늘 옥토로 유지된다. 중부 아프리카 밀림의 부엽토는 나일 강에 실려 흐르다가 강 주변에 쌓였는데, 이러한 자연의 특혜를 댐으로 막아 버렸으니 어떻게 보면 이런 어리석은 일이 없다. 나일 강의 범람으로 옥토가 만들어졌을 뿐만 아니라 그로 인해 연작 피해도 피할 수 있었다. 늘 새로운 흙이 쌓이니 그럴 수밖에. 그런데 이를 막아 버렸으니 강 주변 토양이 점차로 심각한 연작의 피해를 입을 것이고, 장기적으로 염류의 축적이 심화되어 사막화 현상이 진행될 것이다.

이런 식으로 우리의 4대강도 댐과 보로 막히게 되었으니 참으로 걱정하지 않을 수 없는 노릇이다. 인간의 오만과 그로 인한 바보 같은 짓이 빚은 참화가 어디 한두 가지에 그칠쏘냐? 전형적인 사례가 바로 아랄 해의 고갈이다. 옛 소련은 대규모의 면화 재배를 위해 아랄 해 유역에 운하를 건설하고 아무다리야 강과 시르다리야 강의 물을 막아 관개용수로 사용했다. 이때부터 아랄 해로 유입되는 강물의 양이 급격히 줄어들면서 호수의 면적이 반으로 축소되고 염도가 높아져 물고기도 멸종되고 아랄 해에 의지해 먹고 사는 사람들의 목숨줄을 끊어지게 만들었을 뿐만 주변이 사막화되는 등 환경적 재앙을 가져왔다.

농사에서 물은 절대적으로 필요한 자재다. 그렇다고 인간의 배를 채우기 위해 다른 생명들과 함께 써야 할 물을 혼자서 독차지해서는 안 된다. 또한 그렇게 인위적인 관개로 농사를 지으면 작물을 건강치 못하게 키우는 지름길이다. 자연에서 주어지는 자연스런 물의 혜택을 잘 이용하는 농사를 지어야 물도 보전할 수 있을뿐더러 작물도 건강하게 키울 수 있다. 바로 땅속 습기를 이용하고 하늘의 비를 이용하는 방법이다. 땅속 습기를 이용하는 방법은 경운법에서 이미 언급했으니, 하늘의 비를 이용하는 방법만 간단히 이야기하고 한다.

무엇보다도 비가 언제 내리는지 알 필요가 있다. 가장 쉬운 것은 장맛비다. 우리 조상들은 장맛비를 아주 잘 이용했다. 요즘에는 산성비를 우려하지만 그 피해를 주로 보는 것은 채소들이다. 하지만 곡식들은 별 상관이 없다. 오히려 하늘의 질소비가 거름이 되어 주기도 한다. '곡식은 장마 통에 큰다'는 말은 장맛비를 이용한 전형적인 예를 일컫는 것이다.

 다음으로 비 오는 시기는 우수·춘분·곡우다. 우수에 내리는 비는 겨울을 몰아내는 비이므로 파종과는 거리가 있지만, 언 땅이 녹기 시작하는 절기이므로 이때부터 경칩까지 밭 만들기를 하면 흙이 부드러워 손쉽게 할 수 있다. 춘분과 곡우에 내리는 비는 파종을 위한 비이므로 밭을 만들어 놓고 종자를 준비해 놓았다가 비 오는 것에 맞춰 파종한다. 그런데 초여름에는 비가 온다고 해도 신통치 않은 경우가 많고 오히려 더 가물기만 한 경우도 적지 않으니 이때의 비 소식에 유의해야 한다. 비 오기 전날에 파종을 하거나 풀을 매거나 웃거름을 주면 손쉽게 일을 할 수 있으니, 인위적으로 관개하는 것보다 훨씬 수고를 덜 수 있다.

 자연의 힘을 이용하면 그 속도가 답답하고 기다려야 하는 인내가 필요하지만 그로써 얻어지는 건강한 작물과 농사의 참맛을 알게 되니 어찌 그에 빠져들지 않을 수 있을까?

제초와 풀의 활용

 농사는 풀과의 전쟁이라는 표현이 있다. 그런데 과연 농사가 풀과의 전쟁일까? 나는 그건 절대 말이 안 된다고 본다. 그렇게 무섭다는 제초제도 풀을 이기지 못하는데 어떻게 농부가 풀을 이길 수 있겠는가? 전쟁이라고 하면 이길 가능성이 많거나 이길 의지가 강력해야 할 텐데, 이길 가능성도 없고 이길 의지도 사실 그렇게 강하지 않다고 보아야 할 것이다.

 사람이 풀을 이길 수도 없지만 또 사람을 위해서도 풀을 이겨서는 안 된다. 풀을 이기려 해도 이길 수 없는 풀만의 강한 생명력이 있음을 먼저 알아야겠다. 그럼 어떤 것이 풀의 강한 생명력일까?

강한 번식력

 풀은 대부분 제꽃가루받이(자가수분)를 한다. 암놈·수놈 따로 구별

없이 한 개체에 암술과 수술이 따로 있어 자기 혼자서도 번식할 수 있다는 뜻이다. 암술과 수술이 따로 있는 것보다 훨씬 번식에 유리하다.

이보다 더 강력한 번식력은 몸체 번식이다. 정확히 말하면 자기 복제다. 자기 몸에서 한 조각을 떼어내어 흙에 심으면 그대로 똑같은 모습으로 부활한다. 예컨대 꺾꽂이, 휘묻이, 포기 나누기, 구근(종근) 심기 등이 그것이다. 그러니까 씨앗만이 아니라 몸으로도 새끼를 치는 것이니, 얼마나 강한 번식력인가?

다음으로 풀의 강한 힘은 씨앗의 긴 휴면에 있다. 예를 들어, 바랭이는 흙 속에서 2~3년을 잠잘 수 있으며, 세모고랭이는 30~40센티미터 깊이의 흙 속에서 20년 이상을 잠잘 수 있으며, 논풀 중 하나인 강피는 젖은 흙에서 8년을 잠잘 수 있다. 반면 작물의 씨앗은 한 해만 묵어도 발아율이 현저히 떨어지고 건강 상태도 아주 안 좋아진다. 휴면도 그렇지만 더욱 대단한 것은 싹을 틔웠다가도 환경이 바뀌면 다시 잠드는 능력이다. 바랭이는 1년에 5~7회까지 깨었다가 다시 잠들 수 있다.

풀의 강한 번식력은 씨앗이 아주 작으면서도 그 양이 매우 많다는 것에서도 살펴볼 수 있다. 예컨대 보리가 1제곱미터당 4천 개의 씨앗을 맺는다면 보통의 풀은 1제곱미터당 7만 5천 개의 씨앗을 맺을 수 있다.

그다음 풀의 생명력이 두드러진 것은 성장이 매우 빠르다는 사실이다. 특히 어릴 때의 초기 성장이 매우 빠르다. 제초 작업으로 풀을 싹 제거한 다음 씨가 아닌 모종으로 작물을 심어도 풀은 어디서 날아와서는 한 달이면 작물을 따라잡는다. 논에 10센티미터가량 되는 벼 모종을 심을 때쯤 싹이 트기 시작한 피는 10~20일 후에는 벼의 절반으로 자라고 한 달이 지나면 벼와 비슷하게 크면서 곧바로 벼를 추월한다. 그러니까 피를 잡으려면 모내기 일주일 전후가 관건이 되는 시기다.

모든 식물이 다 그렇듯이 풀도 어릴 때 가장 약하다. 씨젖(배유)의 양분이 다 떨어지면 스스로 독립해야 하는데 이때가 떡잎 단계다. 대표적인 귀화풀의 하나인 환삼넝쿨은 싹이 떼로 몰아서 피기 때문에 떡잎 때 쉽게 제초할 수 있다. 호미나 괭이 같은 것으로 슥슥 긁어 버리면 끝이다. 이렇게 떡잎 긁어 주는 것을 2~3년만 하면 풀이 매우 둔해진다.

다음으로 재미있는 것은 풀의 다양한 성장 전략이다. 특히 작물 닮기가 대표적인 전략이다. 어떤 작물을 심으면 그것과 비슷하게 생긴 풀이 나타나거나 모습이 비슷하지는 않더라도 작물과 비슷한 생리를 가져 비슷한 시기에 싹을 맺고 작물 수확 때 섞여서 퍼져 나간다. 논에서는 피와 벼가 대표적이며, 밭에서는 비름이나 명아주가 들깨밭·콩밭·고추밭에 나타나 비슷하게 자라며 초보 농부를 헷갈리게 한다.

또한 풀은 유연한 성장 전략으로 환경에 따라 잘 변신해서 성장을 한다. 밀도가 높으면 씨앗보다 땅속의 번식체를 많이 만들어 번식하고, 밀도가 낮으면 씨앗을 많이 생산하고 퍼뜨려 나가면서 땅속 번식체는 별로 늘려가지 않는다. 참 대단히 교활하다.

그리고 결정적으로 풀이 경쟁력이 높은 원인은 C4* 성장 전략을 갖는다는 점이다. C4 식물인 풀은 광합성 효율이 높고 햇빛이 강할수록 더 잘 자라고 건조한 곳에서도 잘 버틴다. 반면 대부분의 작물은 C3 성장 전략을 취한다. C4 전략의 풀에 비해 광합성 효율도 떨어지고 악조건에서 버티는 능력도 떨어진다.

마지막으로 풀의 특징으로 농경지에서 잘 적응한다는 점을 들 수 있다. 왜 그럴까?

우선 농경지에 투입되는 외부의 유기질 퇴비에 씨앗이 많이 섞여 들어오기 때문이다. 특히 소똥 같은 초식 가축의 축분에는 풀 씨앗이 많이 들어 있다. 다음으로 농경지에 풀이 많은 이유는 경운 때문이다. 경운을 하면 땅속에서 휴면하던 씨가 겉으로 드러나 이제 싹을 틔울 수 있는 기회를 맞게 되는 셈이다. 그래서 유기질 퇴비는 잘 발효시켜야 한다. 발효를 시키면 발효열로 퇴비에 포함된 씨앗을 고열로 태워 죽이고 발효균에 의해 삭혀 죽일 수도 있다.

---

* 광합성 과정에서 탄소를 고정하는 방식에 따라 식물을 크게 C3 식물과 C4 식물로 나눈다.

공생과 견종법

풀이 피해를 주는 것은 무엇보다도 작물과 영역 다툼을 하며 햇빛을 차지하고 물과 양분을 빼앗아 작물의 성장을 방해하기 때문이다. 풀을 제거해야 하는 가장 기본적인 이유다. 그런데 과연 풀이 작물에게 돌아갈 햇빛과 물과 양분을 무조건 빼앗기만 할까?

사실 풀이 밉다고 해서 풀이 하나도 없는 밭을 원할 수는 없다. 풀이 하나도 없는 밭은 사막과 같아서 작물도 자랄 수 없다. 풀이 사는 밭이라야 작물도 살 수 있다. 그러나 작물은 풀과 경쟁해서 이길 수가 없다. 둘을 경쟁에 붙이면 사람은 먹을 게 하나도 없게 된다. 사람이 먹을 것을 얻으려면 작물에 도움을 주어야 한다.

관행 농업에서는 초기에 풀 나지 말고 작물만 자라라고 독한 제초제를 뿌린다. 제초제는 쓰지 않는다 해도 대개는 멀칭 비닐을 깔고 작물만 심는다. 그런데 이렇게 풀을 원천 봉쇄하고 작물만 자라게 하기 위해 독한 제초제로 땅을 죽이고 비닐을 씌워 땅의 숨통을 막아 버리는 게 왠지 빈대 잡기 위해 초가삼간 불태우는 꼴이 아닐까 하는 의구심을 떨칠 수가 없다. 물론 비닐은 나중에 잘 거둬서 폐기물로 버리면 그나마 다행인데 실상 농촌 현장에서 비닐 수거율은 반도 되지 않는다. 나머지는 흙 속에 묻혀 토양의 숨통을 막거나, 아니면 가을에 불에 태워져 대기 오염원이 되거나, 아니면 겨울에 바람에 찢겨 날려 숲속으로 깨끗이(?) 사라진다.

그럼 어떻게 적당히 작물과 풀이 공생하면서 풀에 작물이 지지 않게끔 할 수 있을까?

옛날엔 견종법畎種法이라고 해서 씨와 모종을 두둑이 아닌 골에 심었는데, 그 이유를 알게 된 것은 곡식 농사 방법을 알기 위해 찾아간 취재에서였다. 바로 제초 때문이었다.

밭을 만들 때 소 쟁기로 골을 탄다. 이 골은 배수로인 고랑과는 다르다. 밭이 적당히 경사가 져서 배수가 원활하면 고랑은 밭 둘레에만 친다. 이 고랑은 배수로이기도 하지만 외부에서 물이 밭으로 치고 들어오는 것을 막아 주고 물을 다른 곳으로 빠져나가게 하는 역할을 한다. 경사로가 없는 평평한 밭이라면 물이 고이지 않도록 흙을 돋아 높인 두둑을 좁고 길게 만든다. 그러면 두둑과 두둑 사이가 고랑이 된다. 이 고랑과 두둑을 이랑이라 한다.

그리고 씨앗이나 모종 심기 위해 따로 골을 탄다. 이랑에서는 두둑 위에 골을 타고, 두둑을 따로 만들지 않은 밭에는 일정한 간격을 두고 골을 탄다. 이러한 골은 배수로가 아니어서 헛골이라 하는데, 견종법을 몰랐던 나는 헛골에다 파종한다 해서 '헛골 농법'이라는 이름을 붙였다. 헛골에 심은 씨앗이 자라 한 뼘만 하게 자라면 작물 사이의 두둑을 무너뜨려 작물에 북을 준다. 그러면 절로 두둑에 나 있던 풀도 매진다.

면적이 넓어 호미로 작업하기 힘들 때에는 소에다 쟁기를 걸어 두둑을 쟁기질하듯이 긁어 나간다. 이때 쟁기 날, 그러니까 보습은 쇠가 아닌 나무로 된 것을 쓴다. 흙을 갈아엎는 게 목적이 아니고 두둑을 무너뜨리는 게 목적이거니와 날카로운 쇠가 자칫 작물에 해를 줄 수 있기 때문이다. 두둑을 무너뜨리며 좌우로 흙을 훑어 내면 자연스레 양쪽의 작물에 북을 주게 된다. 이를 후치질이라 한다. 소가 없거나 면적이 그리 넓지 않으면 소 대신 사람이 쟁기를 어깨에 메고 뒤에서 다른 사람이 운전하기도 하는데 이때의 쟁기를 인걸이라고 한다. 작은 텃밭은 그냥 괭이로 슥슥 긁어낸다. 더 작은 밭은 호미로 해도 무방하다. 이러한 작업을 한 번만 하는 것이 아니라 보통 두 번에 걸쳐 한다. 풀은 한 번에 잡을 수 없기 때문이다. 그러니까 그걸 감안해서 골을 파고 후치질을 해야 한다.

이렇게 두 번에 걸쳐 작업을 하면 나중엔 작물을 심었던 골은 두둑이 되고 풀이 있었던 두둑은 골이 된다. 비유하자면 처음에 만든 골과 두둑을 사인곡선이라고 하면 나중엔 골과 두둑의 위치가 바뀐 코사인곡선이 되는 것이다. 그래서 나는 이를 '사인코사인 농법'이라고 이름 붙이기도 했는데, 이름이 서양에서 온 농법 같아 별로 좋은 것 같지는 않았다. 다만 그 이름을 생각하면 이해하기 좋은 점은 있는 것 같았다.

그러다 몇 년 뒤에 조선 시대 말 서유구라는 유학자가 쓴 『임원경제지』에서 처음으로 건종법을 소개했다는 것을 알게 되었다. 뜻 있는

젊은 한학자들이 모여 조선 시대 최고의 백과사전인 『임원경제지』를 번역하고 있었는데 이들을 만나고 난 후 나는 할아버지·할머니들한테 배운 헛골 파종법이 견종법이라는 것을 알게 되었다.

아무튼 헛골 파종법을 배우고는 바로 본격적으로 실천에 들어갔다. 들깨, 콩, 무, 밀 등 거의 모든 작물을 그렇게 심었다. 예외로 고추나 고구마는 두둑에만 심어야 된다고 생각해 그렇게 하지 않았는데 몇 년이 지나서는 이것들도 똑같은 같은 방법으로 심었다. 비닐 피복 대신에 즐겨 썼던 신문지 피복도 견종법을 쓰면서 더 이상 쓰지 않았다. 그런데 그 효과는 기대 이상이었다. 물론 제초 효과만 보면 신문지 피복보다야 못하지만 생각보다 그리 크게 뒤지지 않은데다 부수적으로는 제초 이 외에 북주기 효과가 있었으니, 넓게 보면 더 이득이 많은 방법이라 여겨진다.

그런데 왜 이렇게 좋은 방법을 쓰지 않고 다들 두둑 위에다 작물을 심을까? 그것은 로터리와 비닐 피복 때문이라 할 수 있다. 비닐을 깔려면 두둑에다 할 수밖에 없고 두둑에 비닐을 깔면 헛골을 만들지 못하기 때문이다.

농지 면적이 아주 넓어 도저히 비닐 피복이 아니고서는 제초를 감당할 수 없다면 어쩔 수 없을 것이다. 유기 농업이라고 하여 모든 걸 다 완벽하게 할 수는 없는 일. 다만, 비닐을 쓰고 나서는 수거만 잘 한다면 차선이라 해도 훌륭한 일이 될 것이다.

풀이 해로운 이유?

또 다른 풀의 피해를 든다면 병해충의 숙주가 된다는 점이다. 좋지 않은 바이러스가 기생하기도 하고 해충이 알을 낳아 놓기도 하는 등, 그러니까 병해충의 근거지가 되는 것이다. 겨울에 풀에 기생하거나 알을 낳아 놓았다가 봄이 되면 부화하여 작물을 공격하는 것이다. 긴 긴 겨울을 나고 입춘이 지나 음력 대보름이 되면 쥐불놀이를 하고 달집태우기를 하는 이유가 바로 여기에 있다. 일종의 살균 소독을 하는 것이다. 더불어 풀씨도 태워 버리는 효과도 있다.

그러나 어디 꼭 좋지 않은 병해충만 기생하겠는가? 유익한 미생물이나 천적 곤충들도 풀이 있어야 겨울을 나고 풀이 있어야 그것을 서식처로 삼아 살아갈 수 있다. 요즘에는 화재 위험이 있어 옛날처럼 적극적으로 하지 않기도 하지만 그것만이 아니라도 논둑이나 밭둑에 불 지르는 것은 문제가 있다. 해충만 죽이는 게 아니라 익충도 다 죽이고, 빈대 잡자고 초가삼간 태우듯 아까운 풀들의 양분까지 태워 버리기 때문이다. 어쨌든 풀이 병해충의 숙주만이 아니라 익충·익균의 숙주도 되어 주기 때문에 풀을 무조건 해초라고 몰아붙일 수는 없다.

한참 푸르러야 할 한여름에 논둑이나 밭둑의 풀들이 추운 늦가을에 된서리 맞은 것처럼 노랗게 죽어 있는 모습을 본 적이 있는가? 논밭의 작물도 푸르고 주변 숲속의 나무들도 푸르른 싱그러움을 자랑

하는데 둑의 풀들만 샛노랗게 죽어 있는 모습을 보면 나는 이거야말로 엽기구나 하는 생각이 들곤 한다.

옛날에는 꼴 베러 다니는 것도 중요한 농작업의 하나였다. 부리는 소들 먹일 꼴을 베어 지게에 한 짐 지고 들어오면 하루 일이 끝나는 것이다. 우리 시골의 옛 풍경을 찍은 외국인의 사진을 본 적이 있다. 노을이 지는 초저녁에 일을 끝낸 농부가 소 먹일 꼴을 한가득 지게에 지고는 뒤로 소를 그냥 끌고 가는 장면이었다. 외국인에게 그 장면은 아주 이해하기 힘들었나 보다. 무거운 짐을 소 등짝에 싣고 가면 될 텐데 하루 종일 힘들게 일하고 왜 또 힘들게 자기가 직접 지고 갈까? 그런데 그게 아니라 하루 종일 쟁기질 하느라 힘들었을 소에게 한 짐이라도 덜어 주고픈 아비 같은 농부의 마음을 알고는 그제야 셔터를 누른 모양이다.

그런데 소만 풀을 먹었을까? 봄풀들은 사람이 못 먹을 게 없었다. 가장 먼저 먹는 냉이부터 씀바귀, 광대나물, 수영, 망초, 쑥, 질경이, 소리쟁이, 달래, 머위, 돌나물 등등 끝이 없다. 그러다 곡우·입하가 지나 봄풀들이 세지면 사람이 먹지 않고 이제 가축들 먹이로 쓴다. 사람들은 이제 들나물을 먹지 못하지만, 두릅나물 같은 산나물이 제철이고 또 초봄에 심은 채소들을 먹으면 되었다. 그래서 옛날엔 풀 이름을 모르는 사람이 거의 없었는데, 요즘 도시 사람들은 그 이름들을 다 잊어버렸다. 쓸모가 없어졌기 때문이다. 쓸모를 모르기 때문이라고 해야 맞을 말이지만.

　마지막으로 들 수 있는 풀의 피해는 타감 작용이 있다. 영어로는 알레로파시allelopathy라고 한다. 말하자면 식물이 갖고 있는 고유한 대사 물질이나 냄새 따위가 다른 식물에게 좋은 영향 또는 나쁜 영향을 미치는 것을 뜻한다. 이해하기 쉬운 예를 들면, 소나무의 송진은 다른 식물이 근처에 얼씬도 못하게 하는 타감 작용을 한다. 소리쟁이라는 풀의 낙엽에서는 타감 물질이 흘러 나와 주변 2미터 반경 안에서 다른 식물을 내쫓고 자리를 독차지한다. 이런 타감 물질은 식물의 뿌리를 비롯해 줄기, 잎, 열매, 꽃, 씨앗 등 어디에서든 대사 과정에서 배출되며, 스트레스를 받으면 생성량이 늘어난다.

　그러나 이와 반대로 좋은 영향을 주는 것도 많다. 허브 식물이 대표적이다. 좋은 향을 품어 다른 식물에게 좋은 영향을 주는 것이다. 허브 향들이 대부분 해충을 멀리하게 하는 기피 작용 효과도 대표적인 좋은 영향이다.

　작물 간에도 타감 작용이 있다. 대표적으로 파가 그렇다. 유기 농업 국가로 유명해진 쿠바에 가면 파를 유기 농업 재료로 아주 잘 이용하고 있다. 파는 대표적인 타감 작용의 작물이어서 채소 종류의 밭에는 대부분 파를 심는다고 한다. 다른 작물의 생육에 좋은 영향을 주기 때문이다.

　지금까지 언급한, 풀이 해초인 세 가지 이유를 곰곰이 따져 보면 그

것이 절대적으로 옳은 것만은 아니라는 걸 알게 된다. 해초가 되는 근거도 되지만 다른 한편 그 때문에 익초도 될 수 있고 또 얼마든지 생태적인 방법으로 제초를 가능하게 한다.

풀의 활용

분명히 말하지만 풀은 해로운 점보다 이로운 점이 더 많다. 그것도 아주 중요한 점에서 이롭다.

우선, 풀은 흙의 유실을 막아 준다. 비가 많이 오면 껍데기(풀)가 벗겨진 흙은 쓸려 내려가 버리기 일쑤다. 도로를 뚫느라 산을 깎은 곳의 절벽에 산사태를 막기 위해 풀씨를 뿌리는 것도 다 그런 이유 때문이다. 밭이나 경작지에서는 그 역할이 더 크다. 둑에 풀이 없으면 둑은 힘없이 무너진다. 둑이 무너지면 논이든 밭이든 농사가 곤란해진다. 언제가 옆의 밭은 임대한 농부가 일방적으로 새 흙을 받아 까는 바람에 풀이 하나도 없어 여름비에 곳곳이 쓸려내려 간 적이 있었다. 농부의 마음도 함께 쓸려 내려가는 것 같았다. 다행히 같이 일하는 사람들이 정성껏 막아 주어 큰 사태를 막을 수 있었고, 어느덧 곳곳에 풀이 돋아나 다음 해부터는 별 걱정 하지 않아도 되었다.

또한 풀은 흙의 건조를 막아 준다. 넓은 범위에서 보면, 풀이 지구의 사막화를 막아 준다고 할 수 있다.

다음으로 풀은 벌레나 미생물에게 삶터를 제공해 준다. 작물 사이에 풀을 깔아 주면 땅거미들이 많이 몰려드는데, 풀을 엄폐물 삼아 있다가 작물에 해충이 생기면 달려들어 잡아먹곤 한다. 또 풀을 깔아 주면 지렁이가 많이 온다. 지렁이는 땅을 갈아 주고 풀을 먹고 분변토를 배출해 유기물을 넣어 주는 역할을 하므로 흙이 부드러워지고 비옥해진다.

풀의 중요한 역할 중에 하나가 흙을 갈아 준다는 것이다. 풀 중에는 땅속으로 10여 미터까지 뿌리를 뻗는 것도 있지만, 보통은 30센티미터에서 2미터(호밀)까지 뻗는다. 게다가 풀들은 대개 잔뿌리가 무성해 흙을 갈아 주는 효과가 대단하다. 직접 풀을 매 보면 금방 알 수 있다. 바랭이는 무성한 잔뿌리에 부드러운 흙이 얼마나 많이 붙어 있는지 좀 과장하면 한 손으로 들기 힘들 정도다.

식물의 뿌리에는 유익 미생물이 많이 살고 있다. 미생물은 뿌리의 영양분을 얻어먹고 그 대가로 뿌리가 잘 살 수 있는 좋은 환경을 만들어 준다. 말하자면 뿌리 주변의 흙을 분해해 뿌리가 잘 뻗도록 도와주고 흙 속의 유기물을 분해해 뿌리가 흡수할 수 있도록 만들어 주는 것이다.

식물은 유기물로 된 거름을 그 자체로 흡수할 수가 없다. 거름을 무기물로 전환시켜야 비로소 흡수할 수 있다. 유기물을 무기물 형태로 바꿔 주는 게 바로 미생물이다. 그런데 화학 비료는 미생물에 의해 분해는 되지만 미생물에게 먹이가 되는 유기물이 없어 유기물은 주지 않고 화학 비료만 주면 점점 미생물이 없어진다. 그럼 어떻게 되겠는가? 흙을 갈아 주는 미생물이 없어지다 보니 흙이 딱딱해진다. 화학 비료가 과잉 시비되면 토양 속 무기염과 결합해 만들어지는 염류도 미생물을 떠나보내고 흙을 딱딱하게 만든다. 그럼 식물의 뿌리가 뻗을 수 있는 공간이 좁아진다.

미생물 중에는 병원성 세균을 죽이는 천적 미생물도 있다. 방선균이나 사상균이 그런 종류다. 우리가 살아 있는 흙의 냄새를 맡을 때 느끼는 풋풋한 내음은 바로 이런 균들의 냄새다. 이렇게 유익균도 없어지고 유기물도 없어지면 흙은 점점 죽어 간다. 사막화가 그것이다.

다음으로 풀은 훌륭한 거름이 되어 주고 또한 가축의 먹이가 되어 준다. 옛날엔 둑의 풀들은 모두 소 여물로 이용되었다. 소가 먹고 싼 똥은 바로 거름으로 들어간다. 그러니 소는 농기구이자 거름 제조기였고 죽어서는 사람에게 훌륭한 단백질 공급원이 되었다. 그런데 더 이상 풀들을 여물로 이용하지 않게 되면서 들녘의 둑은 외래종 해초들의 차지가 되었다. 환삼넝쿨, 미국자리공, 단풍돼지풀 등등. 이 풀들은 참으로 억세기 그지없다. 환삼넝쿨은 우리 농경지 둑을 거의 다 차지하다시피 했다. 넝쿨이 얼마나 억세고 힘이 좋은지 밭 안으로 들어와 작물을 아주 못살게 하는데, 뽑아내기가 만만치 않다. 줄기가 톱날처럼 날카로워 여차하면 스치기만 해도 상처 나기 일쑤다. 그런데 환삼넝쿨 줄기에는 단물이 많아 토끼와 소가 아주 좋아한다. 옛날 같았으면 소가 여물로 모조리 먹어 치웠을 것이다.

풀을 사료로 줄 수 없으니 거름으로라도 잘 활용해야 한다. 이른바 녹비綠肥 곧 풀거름으로 활용하는 것이다. 녹비는 아무리 많이 흙에 주어도 과잉 피해가 없다. 풀거름 만들기는 아주 쉽다. 풀을 그냥 쌓아 놓기만 해도 된다. 그 위에 오줌이나 쌀뜨물, 설거지물 따위를 부어 주면 더욱 좋다. 늦가을에 마른 풀들을 잔뜩 모아 두고 겨우내 그 위에다 오줌 따위를 부어 주면 봄에 좋은 거름이 된다.

풀을 이용한 거름에는 액비液肥도 있다. 이슬이 마르지 않은 이른 아침에 풀을 베어서 커다란 고무 대야에 담아 눌러 두면 밑에 침출수가 생기는데, 이게 바로 풀물거름이다. 똥 같은 진한 질소질 거름으로 만든 여느 물거름보다 더 안전하다. 미네랄 거름이 따로 없다.

풀로 거름 만들기에 가장 좋은 때는 장마 직후다. 사실 이때 풀의 성장이 가장 좋다. 꼭 거름 만들기 위해서가 아니라도 이때는 제초를 열심히 해 주어야 한다. 그러지 않으면 밭은 금세 풀에게 점령당하고 만다. 그래서 이래저래 이때는 풀이 많이 나올 때라 풀거름 만들기가 좋다.

다음으로 풀거름 만들 때는 가을에 수확을 하고 난 후다. 수확철에는 수확하고 남은 부산물이 많다. 대표적으로 벼를 수확하면 볏짚도 많이 나오고 탈곡해서 까불리다 보면 검불도 많이 나온다. 그리고 왕겨도 많이 나오고 더 깎으면 쌀겨도 많이 나온다. 이 모든 것이 아주 훌륭한 거름이 되는 것이다. 어디 그뿐이겠는가? 콩, 들깨, 참깨 등의 대, 고구마 줄거리 등 종류도 다양하다. 그런 작물 말고 풀들도 서리 맞고 추위를 맞으면 누렇게 말라 좋은 거름 재료가 된다. 그러나 농사 부산물들이 거름 재료로 쓰이기는커녕 밭 여기저기에 내팽개쳐져 쓰레기가 되거나 좋지 않은 바이러스 숙주로 이용되곤 한다. 유기농이든 관행농이든 농사란 항상 주변을 깨끗이 하는 것이 중요하다. 그래야 건강한 작물을 키울 수 있고 더불어 좋은 거름 재료도 얻을 수 있다.

다음으로 풀은 구황작물로도 이용이 가능하다. 초봄 들녘에 나는 풀들은 거의 못 먹는 게 없다. 냉이, 광대나물, 씀바귀, 달래, 민들레, 질경이, 망초, 고들빼기, 수영, 쑥 등등 참으로 많다. 옛날 보릿고개로 고생할 때 이런 풀들은 귀한 대접을 받았었다.

마지막으로 풀의 역할 중에는 환경 정화 능력이 있다. 대표적으로 물옥잠의 정수 능력은 아주 대단하다. 질소와 인산뿐만 아니라 그 외의 여러 독 물질을 분해하는 능력이 탁월하다. 부들이나 창포도 마찬가지다. 수생 또는 습생 식물은 이렇게 정수 능력이 탁월하다. 먹는 작물이지만 미나리의 정수 능력도 많이 알려져 있다.

공기를 정화시키는 대표적인 풀은 허브 종류다. 허브를 풀이라 하면 좀 이상하기는 하다. 그러나 풀이라는 게 특별하게 정해져 있는 것은 아니기 때문에 그렇게 선입관을 가질 필요는 없다. 풀이라면 질긴 생명력이 떠오르는데, 그에 걸맞은 허브가 바로 토종 박하다. 진짜로 번식력이 대단하다. 박하를 둑마다 심어 놓으면 해충을 막는 바리케이드 역할을 한다. 이런 것을 기피 식물이라 한다.

  기피 식물로 또 다른 것은 국화과 식물이다. 국화과 식물에는 모기향을 만드는 피레트린이라는 물질이 들어 있다. 제충국이 대표적이다. 또한 구절초는 기피 식물로 활용하기 좋다. 구절초는 꽃도 예쁘고 또 약초로도 쓰일 수 있으니 일석삼조의 효과가 있는 풀이다. 쑥도 국화과 풀이지만 무서운 번식력 때문에 오히려 작물에 피해를 줄 수 있다.

IV

작물

벼

 우리는 벼 민족이라 할 만큼 벼를 좋아한다. 벼는 먹는 데만 쓰인 게 아니었다. 벼만큼 생활용품으로 많이 쓰인 것도 드물다. 볏짚으로 새끼줄을 꼬아 여러 가지 생활필수품을 만들어 썼는데, 짚신에서부터 가마니, 둥구미에서부터 지붕의 재료인 이엉까지 생활 곳곳에서 두루두루 사용했다. 그뿐만이 아니다. 볏짚으로 만든 달걀 꾸러미는 참으로 기막힌 솜씨의 산물이다. 가는 볏짚 몇 가닥으로 자칫하면 금방 깨지고 마는 달걀을 운반할 포장 용기를 과연 만들 수 있을까 의문이 들지만, 달걀을 감싸고 있는 볏짚으로 만든 달걀 꾸러미는 부드러우면서도 든든할 뿐만 아니라 그 세밀한 솜씨가 감탄을 자아내는 예술 작품이다. 볏짚은 수확한 마늘을 한 접씩 묶을 때나 무시래기를 엮을 때도 쓰였다. 또한 비 올 때 입는 비옷인 도롱이도 볏짚으로 만들었다.

 곡식으로 재배되는 벼는 아프리카 벼와 아시아 벼 두 종이며, 보다 널리 재배되는 아시아 벼는 자포니카Japonica 계통과 인디카Indica

계통 두 가지로 분류된다. 흔히 안남미로 불리는 인디카 계통은 주로 동남아시아에서 재배되고, 찰진 쌀이라고 일컬어지는 자포니카 계통은 우리나라와 일본, 그리고 남중국 일부에서 주로 재배되고 먹는다.

찰진 쌀의 대명사는 아키바레 품종이다. 내가 어렸을 때는 정부가 쌀값을 조절하고 위기에 대비하기 위해 쌀을 사들여 창고에 쌓아 두었다가 시장에 유통시켰는데 이를 정부미라 했다. 묵은쌀이었던 정부미가 푸석푸석하니 끈기 없고 맛없는 쌀의 대명사였다면, 기름지고 찰진 쌀의 대명사는 일반미 바로 아키바레였다. 일본말인 아키바레는 한자로 표기하면 '추청秋晴'이다. 아키바레는 일본 종자지만 오랫동안 우리 땅에서 재배되면서 국산종이 되어 버렸다. 요즘 찰진 쌀로 더 유명한 게 바로 고시히카리越光다. 아키바레의 후손이라 할 만하다. 그러나 이는 순전히 일본 쌀로 적지 않은 사용료를 주고 심어야 한다. 사용료는 씨앗값이 아니고 저작권이 있는 씨앗을 사용하는 값이다.

아키바레가 좋은 쌀의 대명사가 된 것은 아마도 정부미 덕인 것 같다. 가난한 서민은 정부미를 먹는 반면 부자는 일반미를 먹으니, 더더욱 정부미는 가난하고 부끄러운 밥이었고 일반미는 맛있고 잘 나가는 사람들만 먹는 밥이 되었다.

인디카 계통의 쌀도 정부미처럼 가난한 사람이 먹는 맛없는 쌀로 푸대접받았는데, 이는 한국전쟁 이후 원조 구호미로 들어온 안남미 때문인 것 같다. 안남미의 안남安南은 베트남을 뜻하는데, 안남미는 한국전쟁 이후의 구호미 이전에 이미 일본인에 의해 조선 말에 우리나라에 들어온 것으로 전해진다. 우리나라에서 생산된 쌀이 일본으로 공출되어 가는 바람에 국내 쌀 공급이 모자라자 대신 들여온 게 안남미였다. 안남미는 쌀 모양이 길쭉하고 찰기가 없어 바람에 날아갈 것 같은 쌀이라고 낮게 보지만, 전 세계 쌀 생산량의 90퍼센트 이상을 안남미가 차지하고 있다. 찰진 쌀인 자포니카 계통은 겨우 10퍼센트만 차지한다. 쌀의 찰진 맛은 쌀 탄수화물의 주성분인 아밀로오스와 아밀로펙틴의 구성 비율에 따라 달라진다. 가장 찰진 쌀인 찹쌀은 아밀로오스는 없고 거의 아밀로펙틴으로만 이뤄져 있다고 보면 된다.

한국전쟁 이후 원조 구호미로 본격적으로 들어온 안남미는 다시 가난한 쌀의 대명사가 되었다. 그렇지 않아도 우리 입맛에 맞지 않은 데다 그나마 좋은 쌀보다는 묵은쌀이 들어왔으니 더더욱 가난한 사람이나 먹는 쌀일 수밖에 없었다. 아무래도 찰기가 덜하여 배 속에서 오래 머물지 않아 밥을 먹어도 매가리가 없고 소화가 빨리 되며 보리밥처럼 방귀가 잘 나온다 해서 '알랑미(안남미) 먹고 뀌는 방귀를 알랑방귀라 했다'는 속설이 생겼다. 또 알랑방귀란 말은 일본 사람들에게 엉덩이의 꼬리를 살살 흔들며 아부나 하는 친일파를 흉보기 위해 만들어졌다는 말도 있다.

그런데 사실 영양학적으로 보면 안남미가 찰진 자포니카보다 좋다. 찰지다는 것은 탄수화물이 많다는 뜻인 반면, 찰지지 않고 거칠다는 것은 그만큼 무기질과 섬유질이 많다는 뜻이다. 그래서 찰진 쌀보다는 안남미처럼 거친 쌀이 사실은 더 좋은 쌀이다. 그러니까 세계적으로도 대부분의 지역에서 안남미를 먹지 않겠는가?

찰진 쌀은 입에도 쩍쩍 달라붙는다. 열대 지방 사람들은 이 맛을 아주 싫어한다. 손으로 밥을 먹는 그들에게 달라붙는 쌀은 먹기에도 불편하다. 그런데 찰진 쌀이 어디 입 안에만 달라붙겠는가? 속에 들어가 오장육부에도 달라붙고 혈관 벽에도 달라붙기 십상이다. 그래서 찰지고 기름진 밥을 많이 먹으면 비만, 당뇨, 고혈압, 암 같은 성인병에 걸리기 쉬운 것이다.

다만 찰진 쌀이 필요할 때가 있으니 추위를 이겨 내는 데는 찰진 쌀이 제격이다. 밤이면 구수하게 들리는 "찹쌀떡~" 하고 외치는 소리는 그래서 겨울에 많은 것인지도 모른다.

임금에게 진상했던 자광도

토종 종자 수집 차 가장 먼저 찾아 나선 게 경기도 김포의 자광도紫光稻였다. 김포의 안동 권씨 문중에서 8대째 문중 종자로 내려오는 쌀이 자광도인데, 8대 위 조상 중 한 분이 중국 대사로 갔다가 구해 온 것이라 한다. 쌀의 색깔이 자색의 빛깔이 난다고 해서 붙은 이름인데 당연히 현미일 때의 색이다. 이것도 깎으면 그냥 백미와 같다.

문중 벼라 할 만큼 김포의 안동 권씨 집안 마을에서는 집집마다 지어 먹던 것인데, 우리가 찾아갔을 때는 한 분만 재배하고 있었다. 그분마저 조만간 자광도 재배를 그만두려 하고 있었고, 우리가 다녀가고 얼마 후 재배를 그만두어 김포에서 자광도의 맥이 끊기고 말았다. 다행인지 불행인지 당시 얻어 온 씨앗을 갖고 있다가 김포의 도시 농부들에게 전해 주어 지금은 그들이 자광도의 명맥을 유지하고 있다.

예상했던 대로 우리가 찾아가니 그분은 별로 반가워하는 내색이 아니었다. 그래도 다짜고짜 물어보았다.

"왜 다들 자광도 재배를 그만두려 합니까?"

"죄다 쓰러지니 해 먹을 수가 없어. 거름 하나 주지 않아도 쓰러지고, 찬물을 넣어 주어도 쓰러지고, 비나 태풍이 불지 않아도 쓰러지니 어떻게 해 먹겠는가?"

"왜 그렇게 쓰러지죠?"

"그냥 키만 크니까 그러지."

참으로 난감한 상황이었다. 찾아간 우리가 몸 둘 바를 모를 분위기였다. 그래도 찾아간 목적은 이루고 와야 하기에 물어봤다.

"자광도 쌀 맛이 어떻습니까?"

"덜 찰지고 뒷맛이 개운하면서 은은한 향이 있지."

"한번 맛을 볼 수 있습니까?"

그분은 선선히 밥을 차려 주셨는데, 반찬이라고는 열무김치뿐이었다. 그런데 밥 한 술을 뜨고는 나는 적이 놀라지 않을 수 없었다. 말 그대로 덜 찰지면서 열심히 씹어 먹으니 뒷맛이 개운하고 뭐라 말할 수 없는 향이 느껴졌다. 진짜 반찬이 필요 없을 정도였다. 열무김치만 내주시는 주인의 마음이 뭔지를 알 수 있었다.

당시 그분은 약 500평 자광도 농사를 지었는데, 모두 서울 강남의 세 집으로 독점 계약으로 팔려 나간다 했다. 옛날엔 임금에게 진상했다니 그 가치를 아는 사람들이었던 모양이다. 대부분의 사람들은 아키바레처럼 찰져야 맛있다고 하는데, 찰지지 않으면서 오히려 더 맛이 나니 참으로 그 맛이 신기했다. 나는 속으로 '이야, 이런 밥을 먹으니 옛날 사람들은 칫솔로 이를 닦지 않아도 살 수 있었겠구나' 했다. 좀 과장을 하자면 밥을 먹을수록 입 안이 개운해지는 것 같았다.

"어르신, 씨앗 좀 얻을 수 있을까요?"

"안 돼. 김포시에서 지원금 받으며 짓는데, 외부로 유출하지 않는 조건이라 씨앗을 줄 수 없네."

나는 하는 수 없이 같이 간 일행에게 눈짓으로 들어올 때 봐 둔 논 한 귀퉁이에 모내고 남은 자광도 모종을 좀 훔치라는 신호를 열심히 주었다. 그런데 내가 태연작약하게 "앞으로도 어르신이 이 씨앗을 이어가면 좋겠다"고 위로의 말씀을 드리고 나오려니 미안하셨던지 창고에 들어가 한 됫박 자광도 종자를 들고 나오시는 것이 아닌가? 괜히 열심히 모종을 훔친 게 면구스러워지는 순간이었다.

아무튼 자광도를 알고 나서 결코 찰진 쌀이 좋은 게 아니라는 것을 깨닫게 되었다. 그리고 토종 쌀은 백미보다 현미로 먹어야 제 맛이 살아 있다는 것을 덤으로 알게 되었다. 자광도를 백미로 깎으면 그야말로 백미 쭉정이가 될 뿐이다. 자광도의 핵심인 자색 빛깔이 깎여 나가기 때문이다. 쌀겨가 깎여 나간 속살은 그냥 탄수화물 덩어리에 불과할 뿐, 무슨 맛이 있고 무슨 양분이 있겠는가? 약성이 깎여 나간 것은 말할 것도 없으리라.

전남 장흥에서 알게 된 도복의 이유*

그런데 여전히 왜 토종 벼는 잘 쓰러질까라는 의문은 가시지 않았다. 토종이라는 게 오랜 세월 우리 환경에 적응해 온 종자인데 잘 쓰러진다는 것은 우리 환경에 적응하지 못했다는 게 아닌가? 그럼 그것이 무슨 토종인가? 참으로 알다가도 모를 일이었다. 누구에게 물어봐도 딱 부러지는 답을 주는 사람이 없었.

---

* III. 농법 참조.

그러다 이런 의문을 싹 까먹고 한 1년 뒤에 전남 장흥에서 오랫동안 토종 벼 30여 가지를 농사짓는 분이 있다 해서 한달음에 찾아가 뵈었다. 그리고 바로 물어보았다.

"선생님, 토종 벼는 잘 쓰러집니까?"

"그럼, 무조건 쓰러지지."

"왜 쓰러지죠?"

"기계질을 해서 그래."

돌아오는 답이 뒤통수를 친다. 그냥 그 한마디로 모든 것을 알게 된 듯 나는 "이햐!" 하고 탄성을 질렀다.

말인즉슨, 우리 농촌에 기계가 들어온 후 40여 년 동안 무거운 트랙터로 논바닥을 갈아 온 것이 문제라는 것이다.

무거운 기계에 땅이 짓눌려 다져지고 기계로 곱게 간 흙이 부드러울지 몰라도 토양 입자 사이의 공극을 막아 버리니 표토 역시 다져진다. 이렇게 무거운 기계로 눌려 다져진 층을 쟁기바닥층이라 하는데, 몇 년을 짓눌러 다져 놓으면 깊은 쟁기 날로 심토 경운을 해 다져진 심토층을 깨부수어야 한다. 이 또한 힘든 농작업이다.

그런데 역설적으로 땅을 기계로 갈지 않고 쟁기바닥층을 풀어 주면 뿌리가 깊게 내려 아무리 키가 큰 토종 벼라 해도 쓰러지지 않는다는 것이다. 덧붙여 말씀하시길, 기계로 모내지 말고 손으로 모내거나 하다못해 씨를 직접 파종하면 더욱 쓰러지지 않는다는 것이다. 나는 그 이야기를 들으면서 그동안 머릿속을 맴돌았던 전통 농업의 수수께끼를 풀 수 있는 단서를 잡을 수 있었다.

통일벼의 신화와 진실

통일벼는 박정희 대통령이 보릿고개를 넘기기 위해, 말하자면 식량 안보를 위해 당시 벼농사 세계 대국인 필리핀의 도움을 받아 농촌진흥청 농학박사들이 개발한 다수확 벼 종자다. 통일벼는 인디카 계통의 벼와 교잡해 만든 일종의 일대 잡종(F1)이어서 안남미처럼 길쭉한 장립長粒 품종으로 덜 찰지고 맛도 거칠었다. 그렇지만 생산성이 매우 탁월해 300평(1단보) 기준으로 500킬로그램을 생산했다. 그 당시 보통의 재래 벼들이 300킬로그램만 수확해도 많은 것이어서 통일벼의 생산성은 매우 놀라운 수준이었다. 맛이야 어떻든 식량이 모자란 상황에서 흰 쌀밥을 원 없이 먹을 수 있게 되었으니 많은 사람이 환호한 것은 자연스런 일이었다.

그런데 통일벼는 보급 초기에 일선 농민들의 만만찮은 저항을 받아야 했다. 첫째, 통일벼는 잡종 종자여서 자가 채종이 되지 않으므로 매년 정부로부터 종자를 공급을 받아야 했다. 자가 채종이 되지 않는다는 사실을 당시로서는 쉽게 받아들일 수 없었다. 조상 대대로 씨앗을 받아 심던 전통을 깨고 종자를 사다 심어야 하다니, 어불성설이었다. 종자값이 싸고 비싸고는 그다음 문제였다.

둘째, 통일벼는 일찍 모내기를 해야 하므로 보리와 이모작을 할 수 없었다. 이는 결정적인 문제였다. 보리는 쌀 다음의 주식인데 이를 농사짓지 못한다는 것은 참으로 받아들이기 힘들었다. 통일벼가 아무리 생산성이 높다 해도 보리와 이모작이 되지 않는다면 높은 생산성도 재고해 봐야 한다. 벼와 보리의 이모작으로 두 가지 곡식의 생산량을 합치면 통일벼의 생산성은 반감되거나 허구로 판명날 수도 있다. 게다가 뛰어난 건강식품으로 밝혀진 보리를 먹지 못하면서 생기는 국민의 건강 문제, 보리와의 이모작으로 얻는 논 토양의 개량 효과까지 포기해야 하는데다 농약과 화학 비료에 적응한 통일벼의 생태적 한계까지 고려한다면 결코 통일벼가 우리의 식량 문제를 해결해 주었다고만 평가할 일이 아니다.

통일벼의 보급으로 생긴 문제 중에는 이보다 더 근본적인 게 있었다. 통일벼의 등장은 씨앗을 농부가 채종하지 않고 돈 주고 사는 시대를 열었다는 사실이다. 이런 문제 때문에 보급 초기엔 일선의 농부들로부터 저항을 많이 받았다. 그러나 박정희 정부는 단호했다. 통일벼를 심지 않고 재래 벼를 심은 못자리를 다니며 폭력적으로 망가뜨리거나 정부 시책을 따르지 않는 빨갱이라고 몰아대는 한편, 통일벼를 재배하는 농민에게는 인센티브로 상을 주는 등 당근 정책을 쓰기도 했다.

그런데 문제가 생겼다. 보급 초기에 병해충 문제가 발생한 것이다. 이른바 '노풍벼'라는 통일벼 계통의 벼에 도열병이 발생해 이삭이 쭉정이로 변해 버리는 실패를 겪게 된 것이다. 자신의 이름을 딴 품종을 만든 박노풍이라는 농학자는 도열병 가능성을 경고하고 보급을 중단하라고 적극 주장했지만 당국자들에 의해 무시되고 말았다는 이야기가 전해진다.

통일벼는 그렇게 3년 만에 망했다. 그러나 통일벼를 개발하면서 발전한 육종 기술로 맛있고 수확량도 많은 벼 종자들이 계속 만들어졌다. 맛있는 쌀의 대명사였던 아키바레와 비슷한 자포니카 계통의 종자가 다양하게 육종된 것이다. 오대벼, 동진벼, 삼광벼 등이 대표적이다. 그러나 아키바레와 같은 일본 종자에 입맛이 길들여진 우리나라 사람들은 이후 아키바레의 후손과 같은 일본 종자 고시히카리에 환호하며 비싼 로열티를 지불하면서까지 일본 쌀을 먹고 있다.[*]

---

[*] 최근 일본 상품 불매 운동이 농촌에도 영향을 주어 일본산 볍씨 퇴출 운동으로 번졌다. 비싼 사용료를 지급하는 고시히카리 종자가 퇴출되는 것은 반가운 일이지만 사용료도 주지 않고 이젠 우리 종자가 되어 버린 아키바레도 퇴출 대상이 되고 있다는 것은 좀 씁쓸한 일이 아닐 수 없다.

밭벼

농사를 배우고는 곧바로 벼농사에 필이 꽂혔다. 우리는 벼 민족이기에 벼농사를 하지 않고는 어디 가서 농사짓는다고 명함을 내밀기가 영 폼이 나지 않았다. 상추나 일회용 채소거리를 지으며 농사짓네 행세하면 참으로 코웃음 칠 일이라고 거들먹거리기도 했다. 그런데 목발에 의지해 사는 장애인으로서는 물 담은 논에 들어갈 엄두가 나지 않았다. 별의별 궁리를 했으니 큰 대야에 벼 모를 싣고 배 타고 다니듯 모 꽂을 생각도 해 보았지만 나중에 풀은 어떻게 맬까 생각하니 이내 풀이 죽고 말았다. 그런 와중에 밭벼를 알았다. 밭에 심으니 목발이 물에 빠질 걱정도 없고 기어 다니며 얼마든지 할 수 있을 것 같았다. 그리고 밭벼에 대해서 조금씩 더 알게 되었다.

사실 밭벼는 특이한 종자가 아니다. 많은 사람들이 벼를 수생 식물이라고 착각하는데, 천만의 말씀이다. 그렇다고 수변 식물도 아니다. 다만 물에 담아 놓아도 그로 인한 토양 내 산소 결핍을 잘 견딜 뿐이다. 벼 원산지가 산악 지역인 네팔이라는 사실만 보아도 벼는 수생·수변 식물이 아님을 알 수 있다. 그렇게 보면 밭벼가 더 원산 종에 가깝다 할 수 있다.

밭벼는 가뭄에 강해 기근이 심할 때 많이 심었던 것으로 보인다. 또는 댈 물이 없어 논을 만들지 못하거나 평지의 논이 부족해 밭에 심거나 산의 화전에 많이 심어 먹었다. 그래서 밭벼를 산도山稻라고도 했다. 일제 강점기 때 일본 통치자들이 논의 쌀들을 죄다 공출해 가니 몰래 산에다 심어 먹어 산도라고도 했다는 말도 있다.

조선 시대 후기에는 나라에서 벼 모내기를 금하고 직파를 권장했다고 한다. 당시는 세계적으로 소빙하기가 몰아닥쳤을 때라 기근이 심각해 물이 모자라자 가뭄에 취약한 모내기보다 가뭄에 강한 직파를 권장했다는 말이다. 물 없는 논에 직파했다는 것은 밭벼를 심었다는 말과 통할 수 있다. 아마 실제로도 현장에선 가뭄에 강한 밭벼를 많이 심었을 수 있다.

천수답 농법

마른논 모내기를 아는 사람이 있을까? 봄 가뭄이 심했던 2017년에 물 한 방울 없는 논에다 모를 낸 적이 있다. 무단 경작하던 산 속의 밭을 얻어 어느 정도 평탄 작업을 한 뒤 맨 아래에 논을 만들고서 지하수를 퍼 올려댔지만 처음 만든 논이라 물 한 방울도 고이지 않고 흔적도 없이 말라 버렸다. 아는 후배에게 부탁한 토종 자광도 모는 모내기 할 만큼 다 자라 더 이상 모내기를 미룰 수 없는 상황이었다.

하는 수 없이 모내기를 하되 묘안을 내기를, 못줄 따라 한 사람은 괭이로 골을 내고 뒤이어 다른 사람은 호스로 골에다 물을 대고 골을 다 낸 사람이 준비한 모를 적당량 찢어 가며 얼른얼른 물 고인 골에다 모를 화급히 꽂고 세 번째 사람이 골에 고인 물이 마르기 전에 얼른얼른 흙을 덮어 나가는 방법이었다.

이런 식으로 마른 논에 모내기를 하고 있으니, 지나가는 사람마다 한마디씩 툭툭 던진다.

"참 희한하게 모내기하네요. 물 없이 모내기하는 건 처음 봐요."

좀 아는 사람은 이렇게 말한다.

"밭벼를 심나 보죠?"

"아뇨, 논벼에요."

그럼 더 고개를 갸웃거리고 간다.

그런데 진짜 뭔가를 아는 분이 있었는데, 젊은 할머니였다.

"모를 낼 때는 잔치를 해야 하는 거여."

단오 명절을 이야기하는 거다.

"어떻게 아셨어요? 할머니."

"그것도 모르는 사람들이 무슨 모를 낸다고.…"

혀를 끌끌 차며 웃음을 머금고 지나가신다.

마른논 모내기 곧 건답乾畓 이앙법은 가뭄이 심할 때 하는 농법이다. 무엇보다도 때가 중요하다. 아무리 가뭄이 심각해도 절기로 하지가 지나면 일주일 안에 장맛비가 오게 되어 있다. 하늘의 비를 이용하는 것이다. 그래서 조상들은 이를 천수天水답이라 했던 것 같다.

중국 고대에는 통치의 근본을 치수에 두었다. 중국 문명의 기원지인 황허가 수시로 범람하여 물을 다스리는 게 통치의 가장 큰 과제였기 때문이다. 치수로 유명한 사람은 우임금이다. 요임금으로부터 수시로 범람하는 황허를 다스리라는 명을 받은 곤(우임금의 아버지)은 제방을 쌓아 홍수를 막는 방법만 알았지 물길을 터서 큰물을 소통시키는 방법은 몰랐다. 그래서 홍수만 나면 제방이 터지고 더 큰 물난리를 겪었다. 요임금을 이은 순임금은 치수 대책을 곤의 아들인 우에게 맡겼다. 그런데 우는 큰물을 잡는 제방 쌓기보다 물길을 터서 황허의 물이 여러 방면으로 흐르도록 하고 각지의 논과 밭에 물이 이어지게 했다. 그러자 더 이상 제방 쌓을 일도, 터진 제방으로 수해를 당하는 일도 없어졌다. 우는 그 공로로 임금에 오를 수 있었다. 이후 치수 하면 우임금으로 등치되는 신화가 만들어진 것이다.

그런데 이런 우임금의 치수조차 잘못되었다고 일침을 가한 사람이 있었으니 조선 시대 후기에 『임원경제지』를 집필한 서유구였다.

여름 석 달은 큰비가 자주 내리는데, 이때가 바로 농사짓는 밭에 물을 써야 할 시기이다. 만약 모든 토지를 갈아 개간하고 물길을 가로세로로 내어 그 속에 고인 빗물로 물대기의 밑천으로 삼으면 반드시 큰 하천의 물을 줄일 수 있다. 주용(명나라 사람)이 "천하 모든 사람에게 밭을 손질하게 하는 것은 곧 그 사람들 모두 다 하천을 관리하게 하는 것이다"고 했다.*

그리고 이어서 치수의 전설인 우임금을 다음과 같이 비판했다.

신령스런 우임금의 공로는 겨우 홍수를 억제한 것일 뿐이니, 홍수를 억제한 일이란 막혔던 9개의 큰 강을 터서 바다에 이르게 하고 물길을 쳐서 하천에 이르게 한 것일 뿐이다.**

과거 이명박 정권이 추진한 4대강 사업이 우임금의 아버지 곤의 치수 사업과 비슷하다면 4대강 사업을 비판하며 지류인 지천과 하천 정비를 더 강조했던 당시 야당과 민간 단체들의 비판은 지류를 다스린 우임금의 치수 정책을 닮았다. 그러나 서유구처럼 치수의 근본을 농지 경작에서 찾은 사람은 없었으니 참으로 애석한 일이 아닐 수 없다.

치수가 백성을 위한 측면도 있지만 반대로 백성을 지배하는 통치 수단인 측면도 있다. 나라에서 체계적인 수리 시설을 세워서 백성이 그에 의지해 농사짓게 되면 백성의 농사를 통제하기도 쉽고 세금을 거둬들이기도 쉽다. 그런데 백성이 나라에서 만들어 준 수리 시설을

---

* 서유구, 『임원경제지 본리지』 1권, 정명현 옮김, 소와당, 2009, 205쪽.
** 서유구, 『임원경제지 본리지』 1권, 206쪽.

무시하고 산에 들어가 계곡물에 의지해 화전 등을 일군다면 어디서 농사짓는지 파악하기도 힘들고 세금 걷기도 힘들 것이다.

일제강점기에는 그 이전 시대보다 본격적으로 전국 곳곳에 저수지 등 수리 시설을 짓고 그에 의지해 농사짓게 만들고는 농민들에게 수세까지 거둬들였다. 우리의 농민 운동이 오랜 세월 수세 거부 투쟁을 벌여 온 것은 바로 수리 시설이 농민 착취의 중요한 수단으로 활용되었기 때문이다. 그 수세가 폐지된 것이 김대중 정부 시절 김성훈 농림부 장관 때이니 참으로 질기고도 질긴 농민 통치 수단이었다.

채종하기

벼는 자가수정(제꽃가루받이) 식물이다. 그렇지만 1퍼센트 정도는 타가수정도 가능한 것으로 알려져 있어 다른 품종과 바로 붙어 있는 벼에서는 채종하지 않는 게 좋다. 그러니까 다른 품종들을 여럿 재배할 경우 다른 품종과 붙어 있는 벼에서는 되도록 채종하지 않는다.

종자로 쓸 벼는 먹을 것보다는 일찍 수확한다. 그러니까 약간 풋 익은 것을 수확하는 것이다. 물론 가장 잘 자라고 잘 여문 것들을 미리 봐 두었다가 본 수확 전에 미리 수확한다.

종자로 쓸 벼는 수확 후 거꾸로 매달아 후숙시킨다. 푸른 볏단이 누렇게 되어 잘 후숙이 되었으면 탈곡을 하는데, 기계로 하지 말고 손으로 한다. 홀태도 괜찮다. 기계와 발탈곡기 또는 도리깨는 벼 이삭에 타격을 가할 수 있어 알이 깨질 수도 있기 때문이다. 홀태는 타격을 가해서 탈곡하는 게 아니라 빗 같은 홈에 끼어 볏짚을 잡아당겨 탈곡하는 것으로 벼 이삭에 타격을 가하지 않는다. 소량이면 손으로 비벼도 되고, 이삭을 바닥에 놓고 고무신 같은 것으로 비벼 문질러도 잘 벗겨진다.

그렇게 모은 벼 알들을 키질을 해서 검불과 쭉정이를 제거한다. 먹을 식량을 얻기 위해 키질할 때보다 좀 더 세게 해서 제대로 여문 알곡들을 얻는다. 키질로 고른 알곡들을 다시 선별하는데, 소금물에 담아 가라앉은 것을 종자로 쓴다. 일선 농가에서는 500원짜리 동전 크기로 계란이 뜰 정도로 소금물의 농도를 맞춘다. 소금 농도를 더 진하게 하면 더 튼실한 씨앗을 고를 수 있다. 내게 유기농 벼농사를 가르쳐 주신 분은 계란이 누워 뜰 정도로 농도를 아주 진하게 했다. 거의 물 반 소금 반 정도로 진하게 탄다. 그러면 더 튼실한 볍씨를 얻을 수 있다.

소금에 담갔던 볍씨들을 꺼내고 나서 소금기는 제거하지 않고 소금물이 묻은 채로 말려 보관한다. 소금의 살균력 때문에 병 예방 효과를 얻을 수 있다.

콩

콩의 원산지는 만주와 한반도

오래전 북방 아시아의 초원에서 유목 생활을 하던 우리 조상들이 만주와 한반도로 내려와서 야생에 널린 콩을 발견했다. 콩농사가 목축보다는 어려웠겠지만 초원이 부족한 상황에서 목축을 대체할 것은 콩농사밖에 없었을 것이다. 대신에 이 지역에서는 콩뿐만 아니라 곡식과 채소 농사가 가능해 탄수화물과 미네랄·비타민 등의 섭취가 수월했으니 초원 지대에서보다 윤택한 삶이 가능했을 것이다.

평생 야생 콩 종자를 모아 온 교수님 한분이 계시다. 전남대 생물과 정규화 교수이다. 그는 사비를 들여 30여 년간 서해안 무인도를 돌며 야생 콩 종자를 수천 가지 수집해 오셨다. 만주에 고조선·부여·고구려 등의 고대 국가를 세운 우리 조상들은 한반도로 남하하면서 콩 종자를 가지고 내려왔다. 이 때문에 만주보다는 한반도에서 콩 종자가 더 많이 발견된다는 게 정 교수의 생각이다.

그런데 그는 왜 하필 서해안 무인도를 선택했을까? 서해안은 무인도가 많고 무인도는 고립된 지역으로 오랜 세월 종자가 섞이지 않고 순도를 유지해 왔을 것이기에 유전자원의 가치가 매우 높다고 봤기 때문이다. 작물은 모두 야생에서 왔다. 농사를 발견한 인류의 조상들이 오랜 세월 야생에서 원하는 종자를 선발·육종하며 식량으로 쓸 수 있는 특정 유전자를 지닌 작물 종자를 만들어 온 것이다. 그래서 야생 종자는 식량이 될 수는 없지만 유전자의 원천 자료를 갖고 있어 작물을 육종할 때 중요한 근거 자료로 활용된다. 실제로 정 교수는 이런 야생 종자를 이용해 여러 가지 신품종을 만들기도 했다.

그런데 어느 날 정 교수가 유학했던 곳이기도 한 일리노이 대학의 세계적인 대두 연구소(National Soybean Research Laboratory)에서 그가 수집한 콩 종자들을 사겠다는 연락을 해 왔다고 한다. 미국은 야생 콩이나 토종 콩이 하나 없지만 세계적인 콩 수출 대국이다. 그 당시 미국에서 재배하던 콩에 녹병이 생겼으나 치료약이 없어서 녹병에 강한 유전자를 찾다가 콩의 원산지인 우리나라에서 정 교수가 수집한 종자 중에 이 병에 내성이 있는 유전자가 있을 것이라 확신하고서 제안했다는 것이다. 원산지 야생종이 가장 유전자원이 풍부하기 때문이다.

"제안한 값이 상당했지요. 당시 시세로 서울 강남의 아파트 두 채는 살 수 있는 돈이었으니까요."

"그런데 왜 팔지 않으셨어요? 종류마다 몇 알씩 남기고 넘겨도 우리 것은 유지할 수 있을 텐데요."

"문제는 우리 자원이 유출된다는 것이죠. 그것을 이용해 신품종을 만들면 우리는 그 품종을 만들지도 못하고 돈 주고 사다 써야 합니다."

정 교수는 야생 콩을 수집하면서부터 한 번도 집에 월급을 가져다주지 못했다고 한다. 수집 비용이 만만치 않다. 무인도에는 들어가는 배가 없어 매번 낚싯배를 비싼 돈 주고 대절해야 했고, 꽃 피고 열매 맺는 시기, 씨가 영그는 시기 등이 제각각이어서 어쩌다 일찍 도착하면 씨가 영글 때까지 텐트 치고 기다리기 일쑤였다. 당시에는 농림부나 농업 관련 국가 기관에서 관심조차 없어서 모든 걸 혼자 부담해야 했다. 다행인 것은 제자들이 정 교수만큼이나 자기 일처럼 나서서 참여하고 도와준 일이었다. 요즘은 나라에서도 정 교수 작업의 가치를 이해하고 프로젝트를 지원해 주고 있다 하니 늦게나마 다행스런 일이다.

토종 콩의 종류와 이름

콩은 크게 장콩, 밥밑콩, 나물콩으로 나뉜다. 앞에서 언급한 대두大豆, soybean가 바로 장콩이다. 장콩은 하얗게 보인다 해서 백태白太라고도 한다. 종자의 한자 이름 중 콩은 주로 클 태太 자를 붙인다. 크다는 뜻이니 콩의 가치를 높게 평가한 것이다. 사실 콩 씨앗의 모양은 반 쪼가리가 마주보고 있는 형국이어서 어떻게 보면 태극 문양과 닮아 있다. 검정콩인 흑태, 파란콩인 청태, 노랑콩인 황태, 쥐눈이콩인 서목태, 서리 맞고 수확하는 서리태 등이 대표적이다. 태자가 아니라 두豆 자를 콩에 붙이기도 한다. 대두, 유월두, 적두(붉은팥), 녹두 등이다.

장콩은 '장을 만드는 콩'이라 해서 이렇게 불리는데, 단백질이 풍부하다. 여성 호르몬인 에스트로겐과 같은 기능을 하는 이소플라본이 장콩에 많이 들어 있어 요즘 들어 건강식품으로 각광받고 있다. 그러나 여성 특히 폐경기 여성에게는 좋지만 성장기의 남자아이에게는 좋지 않을 수 있다.

단백질은 필수 양분이지만 독이 있어 조심해야 한다. 콩 비린내가 바로 그것이다. 그래서 예로부터 콩은 상복하지 말라 했다. 두부조차 상복하지 않고 명절이나 잔치 때 먹었다. 반면 상복해도 아무 탈 없는 콩 음식이 있으니 바로 장醬이다. 단백질의 독이 발효에 의해 중화된 음식이다.

장콩으로 유명한 것으로는 한아가리콩이 있다. 알이 커서 입 안 가득 찬다고 과장한 표현이 재밌다. 실제로 크긴 크다. 또 유명한 장콩으로 장단콩이 있다. 지금의 장단콩은 토종이 아니라 개량·육종한 보급종이다. 제주도에서 유명한 장콩이 있는데, 푸르데콩이다. 청태라고도 한다. 푸른색을 띠고 있어서 이렇게 부른다. 일찍 익는다 해서 유월두라고 부르는 장콩이 있는데, 실제로는 음력 8월 초·중순에 수확한다. 수확량은 적고 크기도 약간 작지만 일찍 익어서 이른 추석에 명절 음식으로 쓸 수가 있다.

밥밑콩은 말 그대로 밥에 넣어 먹는 콩이다. 밥밑콩에는 탄수화물이 많이 들어 있다. 탄수화물이 많아 장콩처럼 발효시키기도 힘들고 콩나물콩처럼 나물로 해 먹기도 어렵다. 장콩은 단백질이 많아 밥에 넣어먹기는 적당하지 않다. 물론 넣어 먹을 수는 있는데 처음 몇 번은 구수한 맛에 먹을 만하지만 이내 물린다.

밥밑콩으로 유명한 것은 동부콩, 검정콩, 서리태, 강낭콩, 완두콩 등이다. 이 중 동부콩은 그 자체만으로도 종류가 참 많다. 재밌는 이름으로 어금니동부가 있는데 진짜 어금니처럼 생겼다. 또한 꽃이 예뻐 대문 입구나 울타리에 심어 장식도 하고 밥에 넣어 먹기도 하는 제비콩(까치콩)도 있다. 동부콩이긴 한데 밥에 넣어 먹지 않고 나물로 해 먹는 것이 있는데 갓끈동부가 그것이다. 나물콩 부분에서 좀 더 소개하겠다.

또 재밌는 이름의 콩으로 선비잡이콩이 있다. 얼마나 맛이 좋은지 선비의 입맛을 사로잡았다 해서 붙여진 이름이라 한다. 그 맛이 궁금해 몇 알 얻어 씨를 증식하느라 이태 만에 밥에 넣어 먹었는데 소문보다 그리 맛있지 않았다. 씨앗 모양도 재밌게 생겼는데 마치 먹물로 점을 찍어 놓은 듯해 선비가 먹물 묻은 손으로 콩을 집느라 그리 생겼다는 이야기도 전해진다.

동부콩 가운데 밥에 넣어 먹지 않고 채소로 먹는 콩이 있으니 갓끈동부가 그것이다. 옛날 모자 갓에 길게 늘어져 달린 끈을 닮았다고 해서 붙여진 이름인데, 한동안 멸종되었다고 알려졌다가 토종 씨앗을 지키는 한 농부의 노력으로 다시 찾은 콩이다. 전남 순천 근교에서 농사짓는 조동영이라는 분이다. 어릴 때 생선을 조릴 때 밑에 깔아 함께 먹었던 그 맛을 못 잊어 이리저리 물어보고 찾아 다녀 봐도 아무 소득 없던 차에 우연히 곡성의 한 계곡에서 발견했다고 한다.

갓끈동부는 콩이 채 익기도 전에 꼬투리째 채소로 먹는 게 특징이다. 살짝 데쳐 양념에 무쳐 먹어도 좋고, 프라이팬에 기름을 두르고 살짝 튀겨 먹어도 맛있다. 라면 끓일 때 넣어 먹어도 괜찮다. 그 요리 쓰임이 참으로 다양하다. 어떻게 보면 날로 먹어도 괜찮을 만큼 아무렇게나 먹어도 맛있다.

나물콩은 역시 콩나물콩이다. 나물콩은 단백질 성분도 적고 탄수화물도 적지만 미네랄이 풍부해 잘 발효도 안 되고 잘 썩지도 않으니 자주 물을 뿌려 주어 그 싹으로 나물을 해 먹기에 적합하다. 콩을 키워 나물로 해 먹는 나라는 우리밖에 없다는 말이 있다. 그런데 나물로 키우면 비타민이 많이 생긴다니 콩나물 많이 먹으면 키 큰다는 이야기가 그럴듯하다. 약용 성분이 많아 약콩이라고도 하는 쥐눈이콩은 한자로 서목태鼠目太인데, 나물콩으로 분류는 하지 않지만 나물콩으로 먹어도 손색이 없다.

사연 많은 녹두

얽힌 이야기가 많은 콩으로는 숙주나물콩 곧 녹두가 있다. 녹두장군 전봉준과 숙주나물 신숙주는 참으로 대비적이다. 민요 중에 녹두와 관련된 노래도 있다. "새야 새야 파랑새야, 녹두밭에 앉지 마라. 녹두꽃이 떨어지면 청포장수 울고 간다."

내가 존경하는 농부 선생님 중 한 분은 임락경 목사님이다. 서양 종교인 기독교 목사님이지만 우리 전통 문화와 전통 농사에 아주 해박하시다. 게다가 노래에 대한 공부도 많이 하셨는데, 어느 날 찾아뵙고 말씀을 듣자니 실제를 잘 모르고 만들어진 노래들을 지적해 주신다. 예컨대, 돛대도 삿대도 없이 푸른 하늘 은하수 건너가는 노랫말의 동요 〈반달〉을 보면, 반달 중 상현은 대낮에 뜨고 하현은 깊은 밤 자정에 뜨기 때문에 절대 은하수를 건너가지 못한다는 지적, 이마에 흐른 땀 씻어 가며 나무하는 나무꾼을 묘사한 노래에 대해서는 어느 인간이 한여름에 나무 하냐며 화까지 내신다. 그리고 〈새야 새야 파랑새야〉의 노랫말에 대해서는 이렇게 지적하신다. "잘 떨어지는 거는 녹두꽃이 아니라 녹두꼬투리야. 그러니까 녹두꼬투리가 떨어지면 청포장

수 울고 간다고 해야 하지."

녹두는 한 번에 수확할 수 없다. 익는 대로 콩 껍질이 벌어져서 바로 알맹이가 튀어 나간다. 그러니 새가 앉을라치면 그냥 튀어 버려 청포묵 장수가 울 수밖에. 여기서 녹두의 또 다른 이름이 청포임을 알 수 있다.

아무튼 녹두콩의 특징은 이렇게 꼬투리가 금방 벌어지고 콩알이 멀리 튀어 간다는 것이다. 무슨 뜻이냐 하면, 녹두는 아직 덜 진화해서 야생성이 많이 남아 있다는 말이다. 인류가 처음 곡식을 야생에서 찾을 때 가장 관심을 가진 것은 알곡을 감싸고 있는 껍질이 잘 안 벌어지게 하는 것이었을 게다. 그래야 오래 보관해서 먹을 수 있을 테니 말이다. 껍질이 잘 벗겨지지 않는 곡식을 찾거나 육종을 한 결과 벼·보리·귀리·조 등 대부분의 재배 곡식은 껍질이 잘 벗겨지지 않게 되었다. 그래서 절구질을 해야 했고 도정기가 생겼으며, 정미소, 더 나아가 미곡종합처리장* 까지 생겼다.

껍질이 적당히 잘 벗겨져 탈곡은 쉽지만 녹두처럼 절로 터져 나가지는 않는 환상의 곡식이 바로 밀이다. 잘 벗겨지지 않아 재밌게 이름 붙여진 깨도 있다. 참깨는 씨앗이 잘 떨어져 나가는 작물로 유명하다.

---

* 반입부터 선별·계량·품질검사·건조·저장·도정을 거쳐 제품 출하와 판매, 부산물 처리에 이르는 미곡의 전 과정을 처리하는 시설. 영문 표기는 Rice Processing Complex, 줄여서 RPC라고 한다.

조금만 수확 때를 놓치면 깨알곡이 모두 땅에 떨어져 버린다. 그래서 위에는 아직 꽃이 피어 있는데 맨 아래의 꼬투리가 조금이라도 익을라치면 바로 낫으로 베어 거둬들여야 한다. 그런 참깨 중에 꼬투리가 잘 벌어지지 않는 것이 있으니 바로 벙어리깨다.

녹두콩을 물에 불려 싹을 키워 먹는 게 숙주나물이다. 왜 녹두나물이라 하지 않았을까? 수양대군이 단종을 폐위시키고 왕위를 차지했을 때 사육신과 달리 그를 도운 신숙주의 배신을 빗대어 이름 붙여졌다는 게 숙주나물이다. 잘 쉬는 숙주나물과 배신한 신숙주를 동일시한 것이다. 그래서 신숙주의 고령 신씨 자손들은 숙주나물 대신에 녹두나물이라 하고 조상 제사상에는 절대 숙주나물을 올리지 않는다 한다. 반대로 잘 쉬기는 하지만 맛도 좋고 양분도 뛰어나 몸에 아주 좋은 나물이라는 점이 세조를 도와 나라에 공을 많이 세운 신숙주의 모습과 비슷하다고 해석하기도 한다.

그러나 녹두나물이 아니라 숙주나물이 표준어이자 공식 용어로 자리 잡았으니 고령 신씨 입장에선 참으로 얄궂다. 그래서 그런가 최근에 새로운 해석이 나왔다. 북쪽 변방과 외지의 지방관으로 돌며 선정을 베풀던 신숙주가 백성을 위한 구황 식량으로 녹두와 녹두나물을 널리 보급했다고 하여 붙여진 이름이 숙주나물이라는 것이다. 말하자면 의리를 저버린 상징이 아니라 백성을 위해 애쓴 목민의 상징으로서 숙주나물이라는 것이다.

채종하기

콩은 자가수정 작물이다. 벌 같은 벌레가 수정해 주는 충매화와 달리 바람에 의해 자가수분하는 풍매화다. 따라서 잎이 너무 무성하면 꽃가루를 떨어뜨려 줄 바람을 막아 수정이 잘 안 된다. 콩꽃이 잎 밑에 달려 자칫 잎이 무성하면 잎으로 꽃을 가리기 때문이다.

또한 콩은 마디와 마디 사이에 햇빛 센서가 있어 잎이 무성하면 광합성이 방해되어 알곡이 튼실하지 않게 된다. 농사짓는 부모님을 둔 시골 출신들이라면 어릴 때 콩밭에 나가 나무장대로 콩 윗부분을 때려 준 기억이 있을 것이다. 콩의 무성한 성장을 억제하는 방법이었다.

콩은 종류가 매우 다양하지만 채종법은 대동소이하다. 곡식류의 채종이 그렇듯이 씨앗으로 쓸 것은 일주일 정도 미리 수확한다. 바싹 마른 것을 수확하면 탈곡할 때 씨가 깨질 수가 있다. 양이 많지 않으면 손으로 일일이 꼬투리를 까면서 채종하는 게 좋다. 탈곡기로 까면 씨앗이 타격을 받을 우려가 크다. 수확한 후 가장 잘생기고 알도 큰 것을 종자로 고른다.

풋 익은 것을 먹는 콩 종류 중에서 종자로 쓸 것은 풋 익었을 때 따지 않고 콩 꼬투리가 누레지고 벌어질 때까지 충분히 후숙된 후에 따도록 한다. 풋 익은 것을 먹는 콩 종류로는 강낭콩, 완두콩, 돈부콩 등 밥밑콩 종류가 대부분이고 채소로 먹는 갓끈동부 또한 먹을 것은 풋 익은 것을 따서 꼬투리째 먹지만 종자로 쓸 것은 충분 후숙된 것을 고른다.

밀

밀의 원산지는 북쪽으로는 흑해에서 카스피 해까지 뻗어 있는 캅카스 산맥을 끼고 있으며 남쪽으로는 터키·아르메니아·아제르바이잔과 맞닿아 있는 조지아다. 소련 시절에는 그루지야라는 소련의 속국이었다가 소련 붕괴 후 조지아라는 이름으로 독립국이 되었다.

밀은 크게 경질밀과 연질밀로 나뉜다. 경질밀은 쫄깃한 맛을 내는 글루텐이라는 단백질 함량이 많은 밀로 주로 빵을 만들며, 연질밀은 글루텐 함량이 적어 빵보다는 국수를 만드는 데 많이 쓴다. 경질밀은 강우량이 적고 성숙기에 고온이 아닌 대륙성기후에서 많이 재배되고, 강우량이 많은 해양성기후에서는 연질밀이 재배된다.

밀은 원산지 조지아가 고향인 스탈린과도 관련이 깊다. 스탈린과 밀 사이에는 리센코라는 유명한 식량학자가 있다. 리센코는 멘델의 유전학적 입장과 달리 라마르크의 용불용설에 입각해 후천적 획득 형질도 유전될 수 있다는 이론을 주장했다. 또한 리센코는 밀처럼 월동하는 식물은 겨울의 추운 기운에 노출되어야 봄에 꽃을 피우고 열매 맺는다는 것을 발견했다. 이것을 춘화春花, vernalization 현상이라고 한다. 리센코는 밀을 이용한 춘화 처리 연구에 심혈을 기울였다.

밀과 보리 같은 월동 작물은 비교적 추위에 잘 견디지만 시베리아 지역의 혹독한 겨울 추위를 이겨 낼 수는 없었다. 밀은 원래 가을에 파종하여 발아해서 세 치쯤 자라 겨울을 맞아 저절로 저온에 노출되어 춘화 처리가 되고 따뜻한 봄에 자라 초여름이 되면 이삭을 패 알곡을 맺는다. 그런데 시베리아의 추위에는 발아된 싹이 다 죽어 버리니 이삭이고 뭐고 건질 게 없다. 하는 수 없이 봄에 파종해야 하는데 그러면 저온 처리가 되지 않아 밀은 잎과 줄기는 자라지만 이삭을 패지 못하고 알곡도 맺지 못해 먹을 게 없게 된다. 그래서 봄에 심을 종자를 인위적으로 저온 처리(춘화 처리) 해 파종하면 마치 겨울을 난 것처럼 이삭이 잘 팬다.

그런데 문제는 한 번의 춘화 처리로 획득된 이삭 패는 형질이 절로 유전된다는 엉터리 학설을 주장한 데 있었다. 한 번만 춘화 처리 하면 그다음부터는 춘화 처리 하지 않아도 이삭이 팬다고 주장했던 것이다. 누구나 실수는 할 수 있다. 그런데 그 실수를 인정하지 않고 억지 부리며 계속 그것을 관철하려 하면 문제가 심각해진다. 리센코가 춘화 현상을 발견한 것은 대단한 업적이지만(독일의 식물학자 가스네르가 1918년에 춘화 처리에 대해 구체적으로 설명했던 사실이 나중에 알려졌다), 독재자 스탈린에 의해 이론(주장)이 권력을 획득하면서 문제가 커진 것이다. 이론이 권력화되면 오류를 인정하지 않게 된다. 게다가 비판 이론가들을 억압하면 더 문제는 심각해진다.

스탈린 사후에도 리센코의 권력은 1965년까지 이어지면서 소련의 농업을 심각하게 망가뜨려 놨다. 소련 체제가 붕괴한 것은 그로부터 25년 뒤의 일이지만 그 붕괴의 원인은 식량 자급에 실패를 안겨준 리센코 이론에까지 거슬러 올라간다고 할 수 있다.

그런데 재미있는 사실은, 1918년 독일의 식물학자 가스네르가 알아내기 이전에 그리고 리센코가 1929년에 그 이론을 발표하기 이전에, 그들보다 300여 년 일찍 1619년 경북의 선비 고상안이 쓴 『농가월령』 중 10월령에 춘화 처리한 보리 이야기가 소개되고 있다는 것이다. 이른바 얼보리 곧 동모(凍麰)다. 봄에 심을 보리 씨앗을 1월의 소한·대한 추위에 저온 처리하여 2월쯤 파종한다는 내용이다.

가장 먼저 발견했다는 게 뭐 그리 중요하겠는가. 다만 조상이 물려준 기술조차 다 잊어버리고 비싼 로열티를 지불하며 남의 것이 최고인 줄 아는 세태가 안타까울 뿐이다.

토종 앉은뱅이밀

우리밀로는 앉은뱅이밀이 유명하다. 키가 작아 붙여진 이름인데,

이것이 지금 가장 많이 먹는 서양 밀의 모본이라는 말이 있다. 원래 서양의 밀은 키가 커서 잘 쓰러지는 바람에 수확량이 크게 떨어졌다. 미국의 농학자 노먼 볼로그는 1945년 일본의 종자를 이용해 키 작은 밀의 육종에 성공하여 수확량을 60퍼센트 이상 증가시켰고, 개발도상국의 식량 문제 해결에 크게 공헌했다고 해서 1970년 노벨 평화상을 받았다. 그런데 노먼 볼로그가 이용한 일본의 모종 종자는 '농림10호'라는 밀이었는데, 바로 우리의 앉은뱅이밀을 육종한 종자였다는 것이다.

우리의 토종 밀은 글루텐 함량이 적어 그로 인한 거부감이 덜한 연질밀 곧 박력분薄力粉이다. 말하자면 글루텐 함량이 적어 서양 밀만큼 쫄깃하진 않지만 그만큼 부작용이 덜하고 우리 몸에는 더 좋은 밀이다. 그런데 1984년부터 정부가 밀 수매를 중단하면서 급속히 토종 밀이 사라지고 염가의 수입 밀이 밀려들어와 우리 밥상과 입맛을 사로잡았다. 1990년대 들어 시작된 민간의 우리밀살리기 운동이 확산되면서 토종 밀이 다시 살아나고 있지만, 여전히 우리나라의 밀 자급률은 5퍼센트 안팎으로, 수입 밀에 비해 매우 역부족이다.

최근 다시 밀 수매제를 도입한다는 소식이 있어 참으로 반갑지 않을 수 없다. 2019년부터 밀 비축분 1만 톤을 수매할 100억 원의 예산을 확보했다고 한다. 36년 만의 부활인데 많은 예산은 아니지만 새로운 출발의 의미는 충분할 것이라 기대해 본다.

사라진 줄 알았던 앉은뱅이밀을 3대째 지켜 온 분이 계시다. 경남 진주에서 정미소를 운영하며 앉은뱅이밀을 재배해 온 백관실 씨다. 1984년 밀 수매제가 없어져 판로가 막막해진 상황에서도 백씨는 앉은뱅이밀을 뚝심 있게 지켜 왔으니 종자는 역시 현장의 농부들 아니었으면 진즉에 사라졌을지 모른다.

채종하기

밀도 종자로 쓸 것은 미리 수확해 두는 게 좋다. 밀은 탈곡이 쉬우므로 채종할 양이 많더라도 기계나 연장을 쓰지 말고 일일이 손으로 채종한다. 대충 손으로 문질러도 탈곡이 잘된다. 종자로 쓸 것은 줄기째 말렸다가(후숙) 턴다.

배추

 김치 민족인 우리에게 배추는 주식의 대접을 받는 남다른 작물이다. 배추는 원산지가 중국으로 순무와 청경채가 자연 교잡되어 만들어진 것으로 알려져 있다. 그래서 그런지 맛있는 배추에서 나는 씁쓰레하고 시원한 맛은 꼭 순무를 닮았다. 씨앗이 나쁘면 간혹 배추 잎사귀가 꼭 무를 닮은 것처럼 길쭉길쭉 한 게 나오는 경우가 있는데 아마도 숨어 있는 순무 유전자가 드러난 것이 아닌가 싶기도 하다.

 지금 우리가 김치 담가 먹는 배추는 결구배추인데, 결구배추란 배추 속이 양배추처럼 꽉 찬 것을 말한다. 중국에서 넘어온 종자 중에 포두련包頭連이라는 배추가 결구배추의 원종이지만, 지금 우리가 먹는 것은 우장춘 박사가 양배추와 교잡해 만든 것이다. 우장춘 박사는 씨 없는 수박을 만든 것으로 알려져 있지만 사실은 만든 것이 아니라 일본에서 들여온 것이고 실제로 만든 것은 결구배추다. 결구배추는 1970년대 이후 일반화되기 시작했는데, 도입 초기에는 이를 오랑캐 호胡 자를 붙여 호배추라 했다. 호라는 말은 낮춰 부르기 위해서라기보다 새로 들여왔다는 뜻이었던 것 같다. 아무튼 호배추는 부드럽고 고소하면서 달달한 반면 금방 무르기 때문에 일찍 담는 김장에 사용했고, 조선배추 곧 토종 배추는 조직이 좀 질겨 오래 두고 먹는 김장용으로 사용했다. 그러다 점차 냉장고가 보급되어 담그는 김장 분량이 줄어들고 오래 두고 먹지 않게 되니 조선배추는 우리 밥상에서 자취를 감추었다.

토종 배추의 종류

토종 배추는 대부분 불결구배추다. 그런데 사실 불결구배추가 더 일반적인 배추다. 결구배추는 거의 우리나라에만 있을 정도로 김치가 만들어 낸 교잡종 배추의 쾌거다. 일본에서 육종을 했던 우장춘 박사의 작품이라는 점에서 어떻게 보면 일본에서 개발한 것임에도 우리나라에서 더 빛을 본 배추다. 일본에서도 그렇고 유럽에서도 우리 같은 결구배추는 보기 힘들다. 이집트에서는 결구배추를 하스쿠리 곧 한국상추라고 부른다 할 만큼 이 배추는 이제 우리나라의 토산 배추처럼 되었다. 토종이라 하지 않은 것은 토종과 달리 교잡해 만든 잡종이기 때문이다. 영어로는 Chines Cabbage라 하던 것을 김치가 유명해져 요즘은 Korea Cabbage로 불리다가 2012년 국제식품규격위원회

(Codex)에 Kimchi Cabbage로 공식적으로 등재되었다.

그러나 토종 배추 중에도 결구배추가 있었으니, 100년 전 중국에서 들어온 포두련과 제주도 재래종인 구억배추가 그것이다. 구억배추는 2009년 토종 박사님으로 유명한 안완식 박사님을 필두로 한 이른바 '토종 씨앗 수집단'이 제주도를 샅샅이 훑어 구한 배추다. 평생을 토종 수집과 보전에 힘써 온 안완식 박사님은 대략 눈으로만 보아도 토종 여부를 확인할 수 있는지라, 제주도 서귀포의 구억리 마을을 돌다가 흔한 결구배추를 유심히 보시더니 "저건 분명 토종이야" 하셨다. 밭 주인을 수소문해 찾아뵈었더니 역시나 평생을 직접 배추 씨앗을 받아 키워 오신 할머니셨다. 얼마나 아끼시던지 씨앗이 함부로 퍼질 것을 우려해 쉽게 씨앗을 내주시지 않으려 하셨다. 결국 안완식 박사님의 질긴 설득 끝에 소량을 얻어 와 보급할 수 있었다. 내가 직접 재배해 보니 결구도 결구지만 맛이 기가 막혔다. 날배추를 그냥 씹어 먹어도 쌉싸래하면서 고소한 깊은 맛이 입맛을 금방 사로잡았다. 마을 이름을 따서 구억배추라 붙였는데 이름 또한 심상치 않아 많은 인기를 얻고 있는 배추다.

불결구배추로 유명한 것은 개성배추와 의성배추다. 개성배추는 직접 몇 년을 키워 오다 구억배추로 바꾸는 바람에 이젠 심지 않지만 그 뿌리가 참으로 인상적인 배추다. 무처럼 주먹만 해 가지고 순무 같은 느낌의 맛이 난다. 날로 씹어 먹으면 군것질도 되고 무국으로 끓여 먹어도 좋다. 재배하기는 아주 쉽다. 거의 아무 조치를 취해 주지 않고 가물면 물만 좀 주면 된다. 거름과 물을 많이 주면 너무 크게 자라 오히려 먹기에 불편하다. 의성배추는 개성배추와 비슷한데 크기가 더 크다고 보면 된다.

채종하기

배추는 타가수정 작물이다. 배추와 같은 십자화과 작물도 마찬가지다. 타가수정 작물이므로 주변에 다른 종자의 배추가 있으면 금방 섞이므로(자연 교잡) 조심해야 한다. 다른 배추를 피할 수 없다면 채종할 배추를 인위적으로 격리해야 한다. 그물망을 씌워 벌 같은 매개충이 들어오지 못하도록 막아야 한다.

또한 타가수정 작물이므로 자칫 자가수정이라도 이뤄지면 쭉정이가 나오므로 타가수정이 잘되도록 해 주어야 한다. 그러니까 씨받을 배추를 한두 포기 정도만 남겨 두면 자가수정이 일어나기 쉬우므로 최소 10여 포기 이상은 남겨 두고 이 또한 드문드문 떨어뜨리지 말고 되도록 가까이 두어야 한다.

참고로 다른 타가수정 작물을 소개하면 옥수수가 대표적이다. 자가수정이 일어나지 않도록 옥수수는 최소 두세 포기를 한데 모아서 심고 또한 한 줄이 아니라 최소 두 줄 이상으로 심어야 타가수정이 잘 일어난다. 자가수정이 일어나면 옥수수자루에 알곡이 듬성듬성 달린다. 알곡이 달리지 않은 구멍들은 자가수정으로 쭉정이가 된 것이다.

배추는 씨앗을 먹는 게 아니기 때문에 채종이 좀 까다롭지만 알고 나면 별로 어렵지 않다. 채종 방법은 크게 두 가지다. 하나는 다 자란 배추를 잘 보관해서 월동시킨 다음 봄에 꽃대가 올라오면 씨를 받는 방법이고, 다른 하나는 전 해에 받은 씨를 좀 늦게 심어 월동시킨 다음 봄에 꽃대가 올라오면 씨를 받는 방법이다.

첫 번째 방법을 좀 더 자세히 살펴보자. 다 자란 배추 중에서 가장 좋고 마음에 드는 것, 다르게 말하면 고정률(균일도)이 높은 것으로 원하는 양을 정해 고른 다음 뿌리와 줄기(성체) 사이를 칼로 자른다. 이때 너무 바짝 자르지 말고 최대한 줄기 쪽에 가깝게 뿌리 윗부분을 자른다. 뿌리 윗부분에 생장점이 있어 봄이 되면 그곳에서 새순이 돋기 때문이다. 그러니까 매우 바짝 잘라 배추 줄기가 흩어지더라도 뿌리가 다치지 않게 자르는 게 중요하다.

그다음엔 그렇게 자른 배추 뿌리를 겨울에 얼지 않도록 보관하는 게 중요하다. 전통적인 방법으로 땅에 묻거나, 신문지에 좀 두껍게 잘 싸서 스티로폼 같은 단열재 상자에 담아 베란다 같은 덜 춥고 덜 습하고 덜 건조한 곳에 보관하는 방법이 있다. 배추 뿌리를 땅에 묻을 때는 빗물이 고이지 않을 약간 둔덕진 곳의 땅을 판 다음 구덩이의 지름보다 넓고 구덩이의 깊이만큼의 높이로 흙을 덮는다. 양이 많아 겨우내 배추 뿌리를 꺼내 먹으려면 손을 집어넣어 꺼낼 수 있도록 팔뚝만 한 굵기의 구멍을 만들고 볏짚단을 묶어서 촘촘히 막아 놓아 한기가 들어가지 않도록 한다. 이듬해 춘분 즈음해서 구멍을 열고 뿌리 윗부분에 새순이 돋은 것들을 꺼내 양지바르고 적당히 거름을 준 밭에 호미 한 자루 간격으로 심고 뿌리가 다 덮이도록 흙을 덮는다.

땅에 묻지 않는 방법으로는, 맘에 드는 배추를 고른 다음 뿌리는 땅에 놔두고 칼로 뿌리 윗부분을 앞의 방법처럼 자르고 뿌리가 얼지 않도록 검불, 왕겨, 톱밥, 낙엽 등으로 수북이 덮어 주는 방법이 있다. 덮어 준 보온재가 바람에 날아가지 않도록 좀 무거운 것으로 눌러 주는 것이 중요하다. 비닐이나 신문지 같은 것으로 덮어 주면 간단하다. 비닐을 덮으면 보온이 확실하지만 봄에 일찍 따뜻하거나 평년보다 더 따뜻하면 자칫 뿌리가 상할 수 있으므로 잘 살펴보아야 한다.

씨를 심어 채종할 때는 9월 초 지나서, 절기로는 백로는 지나고 추분이 되기 전에 씨를 직접 파종하면 된다. 늦게 심어 충분히 자라지도 않을뿐더러 직파했기 때문에 뿌리가 튼튼해 월동에 문제가 없다. 봄이 되어 봄동이 올라오면 적당히 솎아 내면서 봄동을 먹을 수도 있고 솎고 남은 것에는 꽃대가 올라와 씨를 맺는다.

배추꽃은 유채꽃과 똑같다. 유채도 배추다. 겨울을 나는 배추를 월동초라고도 한다. 노란 배추꽃에서는 배추향이 나는데, 그 향이 소박

해서 은근히 좋다. 배추꽃대를 김치 담가 먹을 수도 있다. 열무김치 맛이 난다.

꽃이 다 피면 일찍 핀 꽃들이 순서대로 꼬투리를 형성한다. 그 안에서 씨가 영근다. 꼬투리가 모두 노랗게 될 때까지 기다리지 말고 먼저 만들어진 꼬투리가 노래지기 시작하면서 풋 익었다 싶을 때 뿌리채 거두어 비 맞지 않을 곳에 거꾸로 걸어 두어 후숙시킨다. 빨리 익은 꼬투리가 벌어져 자칫 씨가 떨어질 우려가 있으니 양파망 같은 곳에 담아 걸어 둔다. 다 익었으면 씨가 절로 떨어지니 키로 까불리면 수북이 배추씨를 받을 수 있다.

고추

고추는 남미가 원산지다. 남미 원산지 작물이 인류 문명에 끼친 영향은 엄청나다. 고추를 비롯해 옥수수, 감자, 토마토, 가지, 담배 등이 그것이다. 옥수수와 감자는 인류 식량 증진에 크게 기여했는데, 옥수수는 세계 3대 식량 중 하나로 자리 잡았고, 감자는 식량도 식량이지만 구황작물로 큰 역할을 했으며 지금은 세계인의 밥상 재료로 크게 기여하고 있다. 가짓과에 속하는 감자·토마토·고추는 인류 밥상의 소중한 반찬 재료로 쓰이고 있다. 아마도 이렇게 인류의 먹을거리에 크게 영향 끼친 지역도 없을 텐데 그만큼 남미가 인류 역사에서 대접받고 있는지는 의문이다.

고추는 우리의 김치 문화에 혁명적 변화를 가져온 작물이다. 임진왜란 전후에 들어온 고추는 희멀건 짠지와 같던 우리 김치를 엄청 다양하게 만들어 주었다. 처음 고추가 김치에 쓰인 것을 소개한 유중림이 쓴 『증보산림경제』(1766)를 보면, 고추는 양념이라기보다 비싼 소금을 절약하기 위한 방부제로 썼던 것 같다. 예로부터 여름과 가을에

김치 담글 때는 특히 고추씨를 더 넣어 저장성을 높였다고 하는데 고추씨에 방부제 성분이 더 많기 때문이다. 이는 매운 고춧가루의 강력한 항산화 기능으로 김치의 산패를 예방하고자 한 것일 텐데 바로 고추에 풍부한 캡사이신의 효과였다.

그런데 항산화를 넘어서서 고추는 김치의 맛을 놀랍도록 높여 주었다. 아마도 항산화 기능이 김치의 혐기嫌氣 발효 곧 유산균 발효를 한 단계 업그레이드시켜 준 게 아닐까 싶다. 유산균 발효는 양질의 혐기 상태일 때 잘 일어나는데, 말하자면 혐기 상태 곧 외부 공기를 잘 차단한 상태를 유지해 주면 잡균이 덜 생기고 좋은 유산균이 숙성되어 김치의 감칠맛이 증진된다. 김치를 담가 용기에 담을 때 외부 공기가 덜 스며들도록 꽉꽉 눌러 주고 비닐 같은 것으로 덮어 보관하는 것은 바로 좋은 혐기 상태를 만들기 위함이다.

고추의 뛰어난 항산화 작용을 직접 체험한 적이 있다. 토종 종자를 찾아 시골 구석구석을 찾아다니던 어느 날, 점심때가 되어 식사 하러 읍내의 한 식당에 들어갔다가 고추씨기름으로 부친 김치전이 눈에 들어왔다. 두어 장 먼저 시켜 막걸리와 함께 먹었는데 맛이 참 기가 막혔다. 고추씨기름을 어떻게 만들었냐고 주인 할머니에게 물어보니 보통 식용유에 고추씨와 고춧가루를 넣고 살짝 끓여서 만들었단다.

더 먹고 싶어 10여 장 포장해서 가지고 나왔는데, 정신없이 종자 수집 다니느라 한여름 뙤약볕에 달궈진 자동차 트렁크에 아무 조치

없이 방치했음을 깨달은 건 늦은 저녁이었다. 걱정하며 꺼내 보니 트렁크 안에서 이리저리 나뒹굴어서 모양은 구겨졌지만 다시 먹어 본 그 맛은 점심때의 감동 그대로여서 다시 한 번 더 놀라지 않을 수 없었다. 캡사이신의 위력 그 자체였다.

토종 고추의 종류

토종 고추로 유명한 것은 경북 영양의 칠성초다. 그 덕에 영양은 고추의 주산지로 유명해졌다. 칠성초는 고추 열매의 크기가 큰데다 고추 배 부분이 불룩하여 배불뚝이초라고도 하고 생긴 게 붕어를 닮았다 해서 붕어초라고도 한다. 다른 토종 고추와 달리 과피도 두꺼워서 고춧가루를 만들면 분량도 많이 나온다. 다만 열매가 커서 무게가 나가다 보니 지주도 세워 주고 끈도 몇 줄이나 매 주어야 하는 게 흠이다.

개량한 잡종 고추와 달리 토종 고추는 여느 토종 종자들처럼 씨앗을 많이 맺는다. 식물인 고추의 입장에서는 자연스런 일이다. 열매의 과피는 씨앗의 발아를 위한 최소한의 영양만 제공해 주면 될 일이어서 그렇게 두껍고 클 필요는 없다. 잘못하면 양분이 과다하여 썩기라도 하면 씨앗에 타격을 줄 뿐이다. 반면 개량한 잡종 고추는 인간을 위해 만든 것이기에 씨가 적고 과피가 두툼하다. 그래서 고춧가루 양은 많이 나오지만 과피가 두꺼워 말리기가 보통 어려운 일이 아니다. 햇볕에 말리는 태양초는 엄두도 내기 어렵다. 고추 건조기가 인기 있는 이유다.

　잡종 교배 종자는 다수확을 목표로 육종하기 때문에 개량 고추처럼 고춧가루를 많이 얻기 위해 두꺼운 과피 종자를 만든다. 그래서 잡종 종자라고 하면 부정적인 이미지가 있는 게 사실이다. 일단 다수확을 목표로 육종하다 보니 그 종자가 갖고 있는 본능의 생명력은 고갈되었고 인간의 욕심에 맞춰 육종하다 보니 인위적인 기형을 만들어낸다. 잡종 종자의 근본 문제는 씨앗을 받지 못하는 불임종자라는 점, 대부분 농약과 화학 비료가 없으면 키우기 힘들다는 점, 가뭄과 환경 변화에 취약한 점 등이다.

　잡종 종자는 육종할 때 다수확 종자를 목표로 하는 게 보통이지만 주요 병해충에 강한 종자로 육종하는 것도 매우 중요하다. 병해충에 취약하면 다수확을 얻을 수 없으니 다수확 종자는 필수적으로 주요 병해충에 강하게 만들어야 한다. 특정 병해충에 저항성 있게 육종한 잡종을 수직 저항성 종자라고 하는 데 반해 토종을 수평 저항성 종자라고 한다. 잡종 종자는 원 품종에 잘 나타나는 특정 병해에 강하게 육종한 반면 토종 종자는 오랫동안 이 병 저 병, 이 벌레 저 벌레에 당하면서 다양하게 저항성을 키워 왔기에 그런 의미로 수평 저항성 종자라고 하는 것이다. 그래서 고추는 대표적인 병해인 탄저병에 강하게 육종하고, 배추는 무사마귀병 또는 뿌리혹병에 강한 종자를 육종한다.

잡종 고추 중에 아쉬움이 많은 게 청양초다. 매운 고추로 유명한 청양초는 다수확 종자이기도 하지만 그보다는 매운맛을 아주 강하게 만든 것이 특징이다. 잡종이지만 우리의 종자 기술이 만들어 낸 쾌거라고 평가한다. 우리 음식 문화의 특징을 잘 살린 고추면서 우리 음식 문화를 한층 더 다양하게 만들어 주기 때문이다.

청양초는 육종가 유일웅 씨가 제주산 고추와 태국산 고추를 교배하여 태국 고추처럼 강한 매운맛에 단맛을 약하게 가미해 만든 것인데, 1997년 IMF 때 세계적인 초국적 종묘 기업인 몬산토에게 저작권이 넘어가 버렸다. 그래서 지금은 종자 로열티(사용료)를 내는 실정이 되어 버렸고, 국내 농업 현실을 무시한 씨앗값 인상에도 울며 겨자 먹기로 쓸 수밖에 없는 현실이 되었다.

청양고추라는 이름의 기원에 대해서 여러 가지 설이 있다. 충남 청양군에서 기원했다는 설, 경북 청송과 영양 일대에 많이 재배하여 두 지역의 이름을 한 자씩 따서 만들었다는 설 등이다. 속설로는 비싸고 귀하다 해서 천냥고추가 청양고추가 되었다는 웃지 못할 이야기도 있다.

칠성초 외에 경북 영양에는 유명한 토종 고추가 더 있다. 영양군 수비면에서 재배해 온 수비초가 있고, 일찍 수확한다 해서 조생종으로 유월초가 있다. 수비초는 약간 얇고 길쭉한 모양으로 아주 강하지 않은 매운맛과 단맛 둘 다가 있는 느낌이고, 유월초는 강한 매운맛을 띤 고추인데 열매 크기는 좀 작은 편이다.

내가 10년 동안 재배하고 있는 토종 고추로 대화초가 있다. 강원도 평창군 대화면에서 재배해 온 재래 고추로 열매의 배가 약간 통통하면서 끝은 뾰족하다. 맛은 아주 맵지만 새콤달콤한 맛도 느껴지고 식감이 아삭하다. 김치를 담글 때 넣으면 김치 맛이 아주 시원하다. 고추장을 담그면 당연히 맵지만 뒷맛이 당길 정도로 맛있다. 고춧가루를 만들어 나물이나 찌개에 넣으면 구수한 고추 맛이 고향 맛을 느끼게 한다.

채종하기

고추는 자가수정 작물이다. 그래도 30퍼센트 정도 타가수정이 일어날 수 있어 주변에 다른 종자의 고추가 없을수록 좋다. 부득이 피할 수 없다면 중간에 장벽 효과를 낼 수 있는 장치를 둔다. 고추 옆에 옥수수나 수수처럼 키 큰 작물을 심어 바람에 다른 고추의 꽃가루가 넘어오는 것을 막는다.

고추씨를 채종할 때 우선 여러 고추 중에 아주 잘 자란 고추를 필요한 만큼 선별해 둔다. 파란 고추 열매가 빨개지면 수확하는데 모본 고추와 가장 많이 닮은 열매만 선별한다. 그러니까 모본 고추의 특성이 잘 드러난 고추만 고르는 것이다. 이를 선발 육종이라 한다.

 모본 고추의 특성이 잘 드러난 고추 열매가 전체적으로 50퍼센트 이하이면서 모양과 크기가 제각각이면 다른 씨앗이 섞인 것으로 보아야 한다. 그래도 선발 육종을 꾸준히 하여 본래 특성의 고추가 70퍼센트 이상 되도록 하면 다시 본래의 고추를 유지할 수 있다. 이를 고정되었다고 말한다.

 고추 씨앗을 받을 때는 열매를 말린 다음 씨를 발라내는 방법과 말리지 않고 생고추 열매에서 씨를 발라내는 방법이 있다. 고추가 빨개지면 바로 씨를 발라내는 게 가장 쉽지만 씨앗이 말리는 과정에서 절로 후숙되는 태양초 고추보다 씨가 튼실하지 못하다.

 열매를 말리는 방법으로는 자연 햇빛에 말려서 태양초를 만드는 방법과 건조기로 말리는 방법이 있다. 태양초를 만들면 씨앗을 충분히 숙성시킬 수 있어 가장 좋겠지만 그 과정이 아주 어렵다. 말리는 과정에서 반은 썩어 버려진다. 건조기로 말리는 게 가장 쉬운데 좀 시간이 걸리더라도 온도를 40도 넘지 않게 한다. 너무 높은 온도로 말리면 씨앗이 타격을 받아 발아하지 않을 수 있다.

마늘

우리는 세계에서 마늘을 가장 많이 먹는 민족이다. 두 번째로 많이 먹는 나라는 스페인이고 그다음은 이탈리아인데, 우리는 그들보다 다섯 배 이상을 먹는다. 생산량을 보면 1위 중국, 2위 인도, 그리고 우리나라가 3위다. 인구와 면적을 따져 보면 1인당 마늘 소비와 생산에서 우리나라가 압도적이다.

마늘 민족인 우리에게는 마늘을 먹고 인간이 된 조상의 이야기가 전해지고 있다. 왜 하필이면 많고 많은 먹을거리 중에서 마늘을 먹고 인간이 되었을까? 그런데 마늘을 키워 보니 그럴 만도 하겠다는 생각이 들었다.

마늘만큼 생산성이 떨어지는 것이 없다. 하나 심어서 여섯 개밖에 나오지 않으니 말이다. 물론 육쪽 밭마늘 이야긴데 논마늘이라 해도 열 몇 쪽 나오니 큰 차이는 없다. 벼는 볍씨 한 알에 대략 1천 알이 달린다. 조는 한 알 심으면 약 1만 알이 영근다. 탐구심 많은 한 사람이 조 이삭 하나를 세어 봤더니 8천 알이 넘었다고 한다. 이삭 하나에 그렇게 많이 달리는 것도 놀랍지만 그걸 일일이 손으로 세어 본 사람이 있다니, 참으로 대단하다.

여하튼 벼와 조에 비하면 마늘은 참으로 손해 보는 농사라 할 만하다. 그러나 양이 아닌 질로 보면 내용은 확 달라진다. 양으로 보면 여섯 배밖에 생산하지 못하지만 질로 보면 여섯 배로 생산된 마늘은 그야말로 정수精髓 그 자체다. 일천 배, 일만 배로 불어날 결실이 여섯 배로 압축된 것이니 정수 중의 정수가 아닐 수 없다.

마늘은 백합과 외떡잎식물로 겨울을 나는 월년생越年生(두해살이풀)이다. '매우 맵다'라는 뜻의 한자어 맹랄猛辣이 마랄로 변했다가 마늘이 되었다는 게 마늘이라는 이름에 대한 일반적인 해석이다. 마늘의 원산지는 중앙아시아와 이집트로 알려져 있다. 이집트에는 기원전 2500년 피라미드 공사에 동원된 사람들에게 마늘을 나눠 주었다는 기록이 있다. 우리나라에서도 단군 신화뿐만 아니라 『삼국사기』에 소개될 정도로 마늘을 재배한 역사가 오래되었다.

마늘의 매운맛과 특유의 냄새는 마늘에 많이 함유된 알리신이라는 아미노산 때문이다. 알리신의 효능으로 인해 마늘은 정력제로 알려지기도 했다. 심장 근육에 활력을 주고 피부 표면의 혈관을 확장해 주어 따뜻한 피를 돌게 하고 체온을 잘 유지해 주기 때문이다. 더불어 비타민 C의 산화를 막고 과산화지방의 생성을 막아 주는 등 노화 방지의 효능을 지니고 있을 뿐만 아니라 살균력과 면역력 증강 효과도 있다. 그 밖에 알리신은 비타민 B_1과 효능이 같아 각기병을 예방해 준다. 쌀을 주식으로 하는 사람들에게 많이 발생하는 각기병으로 일본 사람들은 고생한 반면, 우리는 마늘을 많이 먹어서인지 백미 밥을 먹어도 각기병에 별로 걸리지 않는다.

토종 마늘의 종류

일반적으로 마늘은 한지형 밭마늘과 난지형 논마늘 두 종류로 나뉜다. 한지형 밭마늘은 흔히 육쪽마늘이라 하는 종류이고, 난지형 논마늘은 벌마늘이라 해서 열두세 쪽이나 된다. 한지형은 중부지방과 그 이북 지역에서 재배하는데 겨울이 되기 전에 심어 싹이 나지 않은 채 겨울을 나는데 반해, 난지형은 가을에 한지형보다 한 달 일찍 심어 싹이 한 뼘만 하게 자란 상태에서 겨울을 난다.

토종 마늘로 유명한 것은 서산마늘과 의성마늘이다. 서산마늘은 아린 맛이 덜해 부드러운 반면 의성 마늘은 매운맛이 특징이다. 그 외에도 충북 단양마늘, 남해마늘, 고성마늘, 제주마늘 등이 있으며, 추운 지방임에도 논마늘보다 더 큰 경기 북부의 연천마늘도 유명하다. 크기로 유명한 코끼리마늘은 연천마늘보다 더 크다.

채종하기

마늘 채종은 불가능하다. 토종 마늘은 꽃을 피우지 않기 때문이다. 오랜 세월 농부가 꽃이 아닌 영양체로 번식을 시키다 보니 개화 능력을 상실한 것 같다. 때문에 새로운 종자를 만들려면 꽃피는 마늘이 있는 중앙아시아에서 수집해 이용한다.

마늘의 영양체 번식에는 두 가지 방식이 있다. 하나는 수확한 마늘의 쪽마늘을 심는 것이고, 다른 하나는 마늘종에서 생기는 주아主芽를 심는 방식이다. 주아를 심어 재배하면 한 쪽만 생기는 통마늘을 얻을 수 있는데, 이를 다시 심어 서너 쪽의 마늘을 얻으면 비로소 이것을 씨마늘로 쓸 수 있다. 쪽마늘을 심는 것이나 주아를 심는 것이나 영양번식 곧 단순 복제에 불과하지만 그래도 주아를 심어 번식시켜야 마늘이 건강하고 튼실하다. 땅속에서 자랐기에 바이러스 감염 우려가 큰 쪽마늘과 달리 지상부의 마늘종에 달리는 주아는 그럴 염려가 적기 때문이다.

주아는 마늘종에서 맺힌다. 마늘종은 원래 꽃대이지만 이젠 꽃을 피우지는 않고 주아만 맺힌다. 마늘과 같은 백합과 식물 중에서 산달래는 주아와 꽃을 동시에 피운다. 또한 파 가운데 삼층거리파도 꽃과 주아를 동시에 피운다. 꽃과 주아가 같이 붙어 있어서 꽃에서 새순이 돋는 것처럼 보인다. 아마도 마늘도 이렇게 꽃과 주아를 동시에 피우다 개화 능력을 상실한 것이 아닌가 싶다.

 마늘 주아는 대부분 마늘종에 맺히지만 뿌리 위 줄기 부분에 맺히기도 한다. 이를 불완전주아라고 한다. 제주도 마늘에서 잘 나타난다.

 좋은 주아를 받으려면 똑바로 선 마늘종을 골라야 한다. 그렇지 않은 마늘종은 음식 재료로 쓰고 똑바로 선 것을 종자로 쓴다. 주아 크기가 메주콩알만 하면 좋다. 이런 주아를 심으면 통마늘이 아니라 바로 씨마늘로 쓸 수 있을 만큼 4~5쪽 달린 마늘을 얻을 수 있다. 그러면 수확을 한 해 앞당길 수 있어 좋다.

대파

우리나라에서 마늘 다음으로 많이 먹는 양념은 파다. 그러나 세계적인 공통 양념인 마늘과 달리 대파는 동양에서만 먹는다. 대파와 비슷한 서양의 파는 샬롯shallot이다. 대파를 영어로 green onion이라고 표현한 것은, 서양 사람들이 자신들은 먹지 않는 대파를 양파onion의 한 종류로 잘못 파악했기 때문이다. 대파와 비슷한 쪽파는 대파와 샬롯의 교잡종이다. 쪽파는 꽃은 피지만 잡종이라 씨를 맺지 않아 구근(알뿌리)으로 번식한다. 파전이나 파김치 담글 때는 쪽파를 쓴다. 실파는 어린 대파를 말한다.

일본에서는 대파의 흰 뿌리 부분만 먹는 반면 우리나라에서는 대파의 파란 잎줄기도 먹는다. 특히 라면이나 여러 종류의 국에는 꼭 고명으로 대파의 파란 잎줄기를 썰어 넣는다.

토종 대파의 종류

나는 10년이 넘도록 전북 무주대파를 재배하고 있다. 뿌리 부분이 굵은 게 특징이다. 부추처럼 뿌리 위를 잘라 먹으면 새순이 금방 올라온다. 그 외에도 토종 대파로는 서울파와 괴산파가 있는데, 무주대파와 달리 뿌리 부분이 그리 굵지 않다. 아주 신기한 파로는 삼층파가 있다. 꽃이 피면 그곳에서 새순이 올라오고 그 새순이 자라 또 꽃을 피우면 그곳에서도 새순이 올라와 삼층파라 한다. 삼층거리파라고도 하고 삼동파라 하기도 한다. 꽃에서 올라온 새순을 잘라 옮겨 심으면 쉽게 번식시킬 수 있다. 물론 씨도 맺혀 씨로 번식시킬 수 있다.

채종하기

대파는 채종이 비교적 쉽다. 봄에 꽃이 피고 절기로 망종 즈음이면 씨가 익는다. 공처럼 둥근 꽃무리가 크고 씨가 잘 맺힌 것들만 골라 줄기째 잘라 거꾸로 매달아 말린다. 씨도 많고 싹도 잘 나서 씨 번식이 쉽다. 다만 대파씨는 묵히면 발아율이 뚝 떨어지니 한 해 묵은 씨는 과감히 쓰지 말고 바로 전 해에 받아 둔 씨만 심는다.

재밌는 것은 삼층파의 번식 방법이다. 대파처럼 꽃을 피우는데 꽃

안에 주아도 맺는다. 그 주아에서 다시 새순이 올라오고 그 새순이 자라 또 꽃과 주아가 되고 다시 새순이 올라와 자라니 삼층파가 되는 것이다. 씨를 받아 번식해도 되지만 꽃에서 올라온 새순을 잘라 심으면 번식이 훨씬 쉽고 빠르다. 보통 대파는 씨를 심으면 한 해 지나야 먹을 수 있지만 삼층파는 새순을 잘라 심는 게 모종하는 것과 비슷해 금방 먹을 수 있다. 영양체 번식(복제)도 하고 생식 번식도 하니 진화 전략이 참으로 탁월하다.

양파

양파는 말 그대로 서양의 파답게 지중해가 원산이다. 일본에서는 '다마네기'라고 하는데 다마는 둥글다, 네기는 파라는 뜻이다. 이와 비슷하게 북한에서는 둥근파라고 한다. 양파는 마늘처럼 잎도 뿌리도 아닌 비늘줄기가 비대해진 부분을 먹는데 수분이 90퍼센트여서인지 주먹만 하게 크다. 양파는 비대해진 비늘줄기를 먹는다는 점과 그 재배법에서는 마늘과 유사하고 생긴 것은 대파와 유사하다.

서양의 파라고 하지만 양파를 아마도 가장 많이 먹는 나라는 기름진 음식을 즐겨 먹는 중국일 것이다. 양파는 각종 비타민과 칼슘·인 등의 무기질을 풍부하게 함유하고 있어 혈액 내 유해 물질을 제거해 주는 데 탁월하므로 고기나 기름진 음식과 함께 많이 먹는다. 우리나라에서도 고기 섭취가 늘면서 양파 섭취도 많이 늘었다.

이름을 보면 우리나라에 최근에 들어온 것 같지만 실상은 조선 시대의 의학서인 『동의보감』에 자총紫蔥(자색의 양파)으로 소개되어 있으며, 재배법은 17세기에 출간된 『산림경제』에서 처음 소개되었다.

토종 양파

시중의 양파는 전형적인 교잡종이어서 씨를 받기 어렵고 받아도 분리 현상 곧 숨어 있던 열성 유전자가 드러나 양파의 균일성이 떨어진다. 그러나 판매보다는 자급에 목적이 있다면 크게 문제되지 않을 수 있다.

17세기에 이미 양파가 소개된 것으로 보이나 본격적으로 재배하기 시작한 것은 해방 이후다. 아마도 양파의 씨앗 받기가 우리나라의 기후 환경에서는 어려워 제대로 보급되지 않은 것으로 보인다. 지금도 우리나라에서 재배되고 있는 양파 씨앗의 80퍼센트는 일본에서 수입되고 있다. 양파가 꽃을 피운 다음 꽃가루가 수정될 즈음이면 우리나라에서는 장마가 시작되어 채종에 어려움이 있다. 그러다 1960년대부터 채종 기술이 정립되면서 양파 재배가 증가하기 시작했고 이때 씨앗이 고정되면서 일부가 토종 양파로 알려지게 된 것 같다. 그러나 고정되었다고 모두 다 토종으로 토착화되었다고 할 수 없다. 고정되고 나서도 많은 세월이 흘러 독자적인 유전자를 가진 품종이 나오면 비로소 토종이라 할 수 있을 것이다.

채종하기

양파는 채종하기가 까다롭다. 최소 2년은 걸린다. 대파처럼 바로 꽃이 피지 않고 따라서 씨도 바로 맺지 않는다. 수확할 때 맘에 드는 양파 구(모구)를 여러 개 골라 10월 말쯤 구 자체를 심는다. 이때 중요한 것은 모구의 크기가 일정해야 한다는 점이다. 봄이 되면 구에서 꽃대(추대)가 서너 개쯤 올라오고 여름이 되기 전에 꽃을 피운다. 문제는 꽃 피고 수정될 때쯤 장마가 시작되는 경우가 많다는 점이다. 따라서 좀 더 정확하게 씨앗을 받으려면 비 가림 장치를 하는 게 좋다. 또한 벌 등 자연의 매개충들이 잘 드나들 수 있도록 해 주어야 한다.

모구는 일반 양파 모종보다 일찍 9월 중순에 심는 것이 좋다. 모구를 심는 깊이는 모구 굵기의 두 배에서 두 배 반은 되어야 한다. 모구의 직경이 5센티미터라면 심는 깊이가 10~15센티미터는 되어야 하는 것이다. 구의 포기 간격은 호미 한 자루가 적당하고 줄 간격은 호미 한 자루 반이 좋다.

모구로 쓸 양파는 일반 수확보다는 일찍 수확한다. 줄기가 쓰러질 때까지 기다리지 말고 미리 줄기째 거두어 밝은 그늘에 거꾸로 매달아 둔다. 씨앗이 맺힐 때와 장마 시기가 겹치는 경우가 종종 있어 비 가림을 해 주면 좋다. 또한 비닐하우스 안에서 키울 때는 하우스 높이가 낮으면 고온 장해를 입어 병해충에 당할 수 있으니 천장이 높은 비닐하우스가 좋다.

　두 번째로 양파 채종하는 방법은 모구를 사용하지 않고 바로 한 번에 양파를 꽃피게 하여 1년 만에 씨를 받는 방법이다. 그러니까 모구를 쓰지 않고 바로 씨를 심어 씨를 받는 방식이다. 이를 위해선 씨받을 양파는 2~3주 일찍 심어 겨울이 되기 전에 양파가 어느 정도 클 수 있도록 한다. 그래야 춘화 처리가 되어 봄에 바로 꽃대를 올릴 수 있다.

　모구를 이용한 채종은 많은 양의 씨앗을 얻을 수 있고 사전에 좋은 것을 고를 수 있는 장점이 있지만 씨받는 데 2년이나 걸리는 단점이 있다. 반면 채종 목적으로 씨앗을 심어 씨를 얻는 데에는 1년밖에 걸리지 않는 시간상의 장점이 있지만 씨앗 양이 적고 무엇보다 양파의 특성을 유지하기 어렵고 특정 병해에 미리 대응하기 힘든 단점이 있다.

　씨를 이용하든 모구를 이용하든 꾸준히 씨를 받으면 언젠가 양파도 고정될 가능성이 크다. 우리 조상들이 그리해 왔듯이 우리도 씨앗을 심기만 하지 말고 받기도 하면 해외로 빠져나가는 종자 로열티를 줄일 수도 있을뿐더러 우리 환경에 맞는 더 훌륭한 씨앗을 받을 수도 있으리라. 토종이냐 아니냐가 아니라 가임 종자인가 불임 종자인가가 중요하다. 가임 종자를 열심히 채종해서 토착화하면 새로운 우리 종자가 만들어지는 것이다. 이래저래 씨받는 농사가 얼마나 중요한지 알 수 있을 것 같다.

부추

부추는 그 효용이 마늘과 비슷하다. 부추는 몸을 따뜻하게 해 주고 신진대사를 촉진해 주며 혈액 순환을 좋게 해 주니 남성·여성에게 고루 좋은 음식이다. 부추는 뿌리 윗부분을 잘라 먹는데, 언제 그랬냐는 듯이 금방 쑥쑥 새순이 다시 올라오는 모습을 보고 남성의 정력에 좋다는 속설이 생겼다고 한다. 부추를 잘라 반찬거리를 준비하는 여성들은 그 모습이 남 보기에 민망해 부엌 뒤 장독대 근처에 심어서 키워 먹었다니 그 속설이 꽤나 위세를 떨친 모양이다.

마늘처럼 부추에는 알리신이 풍부하다. 알리신은 비타민 B_1의 흡수를 돕고 신진 대사와 혈액 순환을 도와준다. 또한 몸속의 나쁜 피를 배출하는 작용을 하여 여성의 생리통 완화에 좋고 빈혈 예방에도 좋으며 감기·설사·복통에도 효험이 있다.

부추는 중국의 서부가 원산지로 알려져 있으며 대파처럼 중국·일본·우리나라에서만 먹는다. 우리나라에는 삼국 시대에 들어온 것으로 추정되며 서양에서는 재배하지 않는다.

부추는 농사가 참으로 쉽다. 한 번 심어 놓으면 10년을 다년생으로 산다. 채집하듯 잘라 먹으면 된다. 좀 더 크게 많이 재배해 먹으려면 매년 또는 격년으로 포기나누기를 해서 번식시켜 준다.

토종 부추의 종류

우리나라에서는 대부분 잎이 좁은 토종 실부추를 재배한다. 대표적인 토종 부추로는 영양부추가 있는데 경상도 일원에서 심는다. 경기도·강원도 등의 산지에서 재배하는 산부추와 잎 폭이 두터운 두메부추도 유명하다. 특히 산부추는 자주색의 꽃이 예뻐 관상 가치도 높다. 제주도 한라산의 고지대에 자생하는 한라부추도 유명하다.

채종하기

부추를 번식시키려면 종자를 이용하는 것보다 포기나누기를 하는 게 훨씬 수월하다. 물론 씨앗을 받아 번식시키는 것도 그리 어렵지는 않다. 다만 씨앗을 받아 번식시키는 방법은 시간이 많이 걸리는 반면에 포기나누기로 번식시키면 금방 먹을 수 있다.

부추는 백합과답게 꽃도 예쁘고 향도 좋다. 가을에 꽃이 지고 나서 씨가 맺히는데 늦게 거두면 씨가 땅에 떨어지니 씨가 맺혀 검정깨처럼 생긴 것이 보일 때 줄기째 거둬 양파망 같은 곳에 넣어 거꾸로 말리면 후숙된다. 겨울이 지나고 한식(청명) 전후 또는 삼짇날(음력 3월 3일) 노지에 직파한다. 모종을 키운다면 온실에서 경칩이 지난 후 파종한다. 모종을 키워 본 밭에 심으면 가을쯤 되어야 먹을 정도로 자란다.

□책을 마치며

다시 토종 농업으로

강산도 변한다는 10년의 세월 동안 원고를 썼다. 전문 글쟁이는 아니지만, 농사지으며 그때그때 생각나는 것을 쓰다 보니 그렇게 되었다. 그 사이에 실제로 세상이 많이 바뀌었다. 2000년 대 초까지만 해도 화석 연료와 화학 약품에 대한 과도한 의존 및 그로 인한 오염 문제가 심각하게 제기되었다. 그것을 대변한 것이 바로 생태학자 레이첼 카슨이 쓴 『침묵의 봄』(에코리브르, 2002)이었고, 유기농 신드롬을 일으켰던 다큐 방송 〈잘 먹고 잘 사는 법〉(SBS, 2002)이었다. 그리고 더불어 고유가 시대가 찾아오면서 에너지 고갈 위기 문제가 급부상했다.

친환경 유기 농업과 재생 에너지 개발이 주목 받은 것은 당연했다. 그러나 그렇다고 화석 에너지와 화학 약품 및 자재 의존도가 감소하지는 않았다. 재생 에너지 개발과 모래석유 개발 등으로 에너지 고갈 문제는 쑥 들어갔지만 탄소 배출과 환경오염 및 기후변화 문제는 더욱 가속되었다. 그 문제가 축적되더니 드디어 최근에 와서 미세먼지로 대기 오염이 심각해졌고, 온난화로 인한 기후 재앙(홍수, 가뭄, 대형 산불, 이상 기후)이 일상화되었다.

코로나-19가 급습한 것은 일련의 사태가 축적된 결과물이었음에 틀림없다. 이만이 아니었다. 올해는 초부터 이상한 일들이 많이 찾아왔다. 겨울이 심상하게 춥지 않더니 봄바람이 무섭게 쳐들어왔다. 봄바람이 무섭다는 말을 처음 실감한 게 2000년 지금 농장을 열었을 때였는데 그보다 올해의 봄바람이 더 셌다. 그 덕에 우리 농장 이름이 바람들이 농장이 되었지만 순풍이 아닌 것 같아 그리 반갑지만은 않았다. 무서운 봄바람과 함께 찾아온 게 벌레 떼였다. 중부 지방엔 송충이들이 기승을 부리고 남쪽 지방엔 노래기 떼가 출몰했다. 그렇게 추운 봄이 길어지더니 5월 입하가 되었는데도 늦서리가 내려 꽃샘추위처럼 뒤통수를 쳤다. 양봉 농가와 과수 농가가 타격을 받았다.

곧 여름의 더위가 찾아오면 코로나도 잠잠해지고 모든 생명의 활기를 독려하겠지 하고 기대했지만, 최대의 장마가 들이닥쳐 여름 같지 않은 여름이 이어졌다. 짧은 여름 뒤에 짧은 가을이 찾아오고 빠른 겨울이 들이닥쳤다. 내륙 지방엔 8월에 첫서리가 내리고 중부 지방엔 평년보다 빠른 서리가 찾아왔다. 그런데도 10월 초엔 경남 하동과 진주, 충북 영동에 벚꽃이 만개하는 이상한 일이 벌어졌다. 혼돈의 연속이었다. 코로나는 언제쯤 가실까? 이러다 뿌리 내리는 게 아닐지 불안감이 더 커진다.

그러나 나는 큰 기회라 생각했다. 반성할 기회 말이다. 코로나는 인간의 잘못된 삶이 낳은 전형적인 결과물이라 본다. 자연을 버리고, 농사와 농촌을 버리고 죄다 도시로, 아파트로, 몰려든 결과가 아닌가? 코로나 예방책의 하나로 피하라는 3밀(밀집, 밀폐, 밀접)이 뭔가? 전형적인 도시의 삶이 아닌가? 그래서 나는 이 참에 자연의 삶, 농업·농촌의 삶으로 돌아갈 생각을 전면적으로 하게 되지 않을까 기대했지만 세상은 그러하지 않았다. 어떻게 보면 세상이 아니라 우리 삶을 지배하는 구조와 엘리트 등의 문제가 더 클지 모른다. 쓰레기를 양산하는 우리 삶의 구조가 코로나를 만들었을 텐데 코로나를 예방하기 위해 쓰레기를 더 양산하는 것에 어느 지도자도 반성하는 목소리를 내지 않는다.

인간은 원래부터 반성을 모르는 존재일지도 모른다. 유럽에 흑사병이 들이닥쳐 인구의 1/3이 죽어 나갔는데도 그들은 더욱 숲의 파괴와 도시의 집중을 가속했다. 흑사병을 전해 준 것은 몽골이었지만 몽골과 아시아는 숲이 덜 파괴되고 지역적인 삶을 유지하고 있어 흑사병이 힘을 쓰지 못했다. 그런데 지금은 전 세계가 숲을 파괴하고 도시로 몰려든다. 도시화·문명화가 덜 된 지역에서 코로나가 덜 기승을 부리는 것을 보고도 별 반성을 하지 않는다.

당분간 코로나는 좀 더 기승을 부리겠지만 머지않아 잠잠해질 것이라 본다. 그런데 코로나 이후 다시 인간은 언제 그랬냐는 듯이 신나게 탄소를 배출하고 살 것 같다. 반성은커녕 더욱 열심히 도시로 도시로, 세계로 세계로 돌아다닐 것이 뻔하다.

　코로나 이후 뭔가 잘못된 우리의 삶을 뒤돌아 볼 아주 소수의 사람들에게 이 책이 조금이라도 단서를 제공했으면 하는 바람이 있다. 문명의 삶, 도시의 삶, 소비의 삶을 경계하고 자연의 삶, 지역의 삶, 순환의 삶을 근본으로 삼았던 조상들의 삶의 원칙과 지혜가 재조명되길 기대해 본다. 이 책 서문에서 말한 토종 농업의 비밀을 말이다.